廚藝概論

Introduction to Culinary Arts

楊昭景◎主編

施坤河、黃靜純、石名貴、楊昭景、謝旭初、王寶惜、陳建龍、
徐永鑫、陳嘉謨、陳正忠、屠國城、林建安、葉連德等◎著

主編序

　　飲食是人類的本能需要，然隨著世界經濟與科技文明的發展，食物資源的開發和運用也不斷的創造與發展，以滿足人類在經濟提升後對飲食美味的追求。長久以來，廚藝人員對食材的發現、選擇、運用與菜餚創造便是食物資源開發、菜餚的開發和飲食文化保留重要的貢獻者。

　　國立高雄餐旅大學自1995年成立專業廚藝科別以培養專業廚藝人才，二十年來發展成獨立的專業廚藝學院，包括中餐廚藝系、西餐廚藝系、烘焙管理系、五專廚藝科及飲食文化暨創新研究所，培養國內外優秀的專業廚藝相關人才數千人，為台灣蓬勃發展的餐旅觀光行業提供最重要的膳食供應製作人員，也培育台灣飲食文化傳承及創造的人才。

　　「廚藝概論」乃本院學生重要的基本核心課程，透過全院教師團隊的合作討論與撰述，分為八大章節，首章特別強調「職場倫理」的重要性及內涵，顯示本院對學生的教育理念及期許，尤其在以服務為核心價值的餐旅產業中，廚藝人員的工作屬性、場域及責任更重於餐旅其他崗位之人員，所以對學習者的工作態度與工作價值的肯定是教師們一致認為應強調的重點。除此之外，書中內容尚含括中西餐廚及烘焙學門必須具備的知識理論與實務的瞭解，第二章更呈現廚藝美學的重要理論與內容，希望培養具備美學欣賞與創作能力的學習者。

　　本院教師在教學研究及服務多重壓力之下仍積極合作討論並撰述此書，期間長達一年多的時間，努力的用心不單希望只是本院學生學

習的重要書籍，更希望也能提供給國內有心廚藝學習者一份有系統性的廚藝相關知識與實務的重要資料。本書的完成代表一個階段性的知識紀錄，每位參與者雖已力求準確、完整，但難免仍有不足之處，盼請各界不吝指教，讓廚藝的發展與知識能更有即時性、科學性與藝術性！

國立高雄餐旅大學廚藝學院院長

楊昭景 謹識

目　錄 *Contents*

CHAPTER 6

謝旭初、王寶惜、徐永鑫

廚藝技法　147

CHAPTER 7

陳正忠、陳嘉謨、屠國城

重要產品介紹　221

CHAPTER 8

林建安、葉連德

廚藝設備與機具　285

Chapter 01

職場倫理

施坤河

第一節　工作態度與職場倫理

　　根據1111人力銀行調查顯示，上班族心目中職場A咖的定義以「可信賴／做事有品質」居冠，其次為「特定領域專家／專業度佳」與「人品好／態度佳」。而反問上班族老闆或上司眼中的A咖定義，同樣以「可信賴／做事有品質」位居第一，第二名為「使命必達／服從性高」，「特定領域專家／專業度佳」居第三，顯見上班族心中的職場A咖定義與老闆或上司的A咖定義有些許不同。

　　進一步詢問受訪者職場A咖需具備哪些特質與條件，在複選的情形下，「專業能力強」成為上班族心中公認需要具備的條件第一名，其次為「效率佳」與「危機處理能力強」，另外「能獨立作業」與「績效好」也是A咖必備條件之一。

　　在青輔會的「大學畢業生就業力調查報告」裡，一位雇主這麼說：「如果一個人工作上的態度、溝通能力，還有問題解決能力、應變能力不夠好的話，其實有再好的專業能力都是等於零」，顯示企業主在選才時，對新進人員「工作態度」的重視。

　　其次人員「團隊合作能力」及「專業力、學習力」，也是企業主斟酌審核的重要特質。

　　團隊合作需要有良好的溝通能力，人際之間的合作，部門之間的協調，才能創造組織好的績效。

　　台灣企業多屬中小型組織，需要發揮團隊合作的力量，才有致勝的機會。另外隨著時代快速轉變，新知識可能一夕成為舊資訊，所以「專業力」、「學習力」是讓企業及人員進步發展的力量。

　　「工作態度」和「專業能力」近年來成為企業首重的就業力，學生必須因此調整自己的學習態度和方向，學校及教師也必須加強職場倫理教育，幫助學生在具備職場競爭力之外，建立正面的職場態度。所謂的職涯教育，除了認識產業特性之外，主要是教育學生在職場上的工作態度、倫理、禮儀及對工作環境的調適能力。

▲建立正面的職場態度

第二節　職場倫理與道德

一、企業倫理的定義

　　企業倫理指的是以企業為主體所構成的倫理關係和法則，屬於廣義社會倫理的一環，把是非的規範應用於企業營運與管理行為，是企業組織內的工作成員，其行為、決策或行動的正當或錯誤標準。綜合以上所述，企業倫理基本上是一種人際或群際間的適當行為規範，表現在企業管理者對待「利害關係人」的決策準則或管理哲學。

　　簡單的說是發生在工作場所中人與人之間、人與企業組織之間、人（或企業組織）與社會和大自然之間的道德議題。「倫理」的範圍大於「道德」：狹義的道德只涉及行為的對錯，而倫理則包含對錯、好壞的評價。

二、認識職場倫理

(一)尊重公司每個人的職位與職權

　　在公司當主管資歷沒有你深、經驗沒有你多、技術不如你，但公司賦予的職位卻高於你時，因你尊重他人的職位而尊重他，其實也就是尊重你自己。

(二)尊重公司每個人的名譽與形象

　　公司每個人不論他的職位高低，他的能力高低，他的人品高低，都要尊重他的名譽與形象。記得尊重別人的名譽與形象，就是尊重你自己的名譽與形象。

(三)尊重公司每個人彼此之間的差異

　　俗話說「一種米養百種人」，從飲食習慣、衛生習慣、做事習慣、人際交往以及休閒生活等等，每一樣事情，你都要尊重對方與你之間的個別差異。尤其現代民主化社會，每個人沒有必要、更沒有義務都要和你一樣。本著每個人的自由以不妨礙他人的自由為限，不亂傳八卦、小道消息，更不可以對人形成壓力，迫使人家與你一致。

▲不亂傳八卦、小道消息

(四)要先顧碗裡再看碗外

俗話說「吃碗裡，看碗外」，是諷刺有人吃裡扒外，在職場中，吃碗裡可以說就是顧好我們現在的工作，看碗外就是羨慕別人的工作，很多人總是站這山看那山高，總是覺得自己這碗飯最難吃，別人那碗比較好吃，真把別人那碗飯給你吃，你又覺得不好吃了，這樣的人到頭來可能兩頭空，既沒有做好自己份內的事，又沒本事去做別人的事。

(五)先管好自己份內的事

初入職場，若想要有好的開始，就必須從上班的第一天起，學習管理好自己，任何狀況下，你都要先管好自己份內的事，不要急著去管別人如何如何，要知道每個時候同事和長官都隨時在觀察你的一舉一動。

(六)樂於接受任務與承擔責任

初入職場，你會因不懂或怕失敗而不喜歡接受任務或不去承擔責任，這觀念上一定要調整，要想著工作要不斷磨練、嘗試失敗才能累積經驗，對企業的主管來說，你願不願意接受這個任務，遠比你能不能把這個任務做好，更為重要。選擇去承擔責任，把責任一肩扛下來，最容易早早獲得主管與老闆的賞識；而更重要的是，你將比別人更快獲得許多寶貴的實戰經驗，這在你的生涯發展上，可是無比的助力、無價之寶呢！

(七)禮多人不怪

這是要你注意禮貌，不是要你去送禮，寧可有禮貌也不能沒有禮貌。要留意職場常見的禮儀疏失，例如直呼主管名字、以「高分貝」講私人電話、開會不關手機、讓主管提重物、稱呼自己為「某先生／某小姐」、對「自己人」才注意禮貌、遲到早退或太早到。

第三節　養成應有的工作態度

一、培養敬業精神

　　所謂敬業精神，就是尊重你自己的行業、公司及職位，並且全力以赴把工作做好。如何培養敬業精神，首先要樂在工作，工作如果不快樂，工作態度就會越來越消極，就不可能有敬業精神。上班工作為什麼會不快樂，原因很多，有的覺得薪水偏低，有的覺得職位偏低，覺得別人的工作很輕鬆，就是我最忙，覺得主管對別人比較好，對我不好。要找到工作的意義與價值，享受工作帶來的成就感，工作可以使人身心安寧。如果你發現自己的工作其實是很有意義及價值，工作起來就會很帶勁。上班工作是很辛苦的，如果沒有成就感，一定很容易倦怠，每天一上班就只想趕快下班，一定不可能有敬業精神。工作不但可以為我們的人生帶來最大的祝福，更可以增進我們生存的能力，讓我們適應環境的能力增加，讓我們與人互動的能力增加。工作可以使我們的身體與心靈變得強壯，有足夠的應變能力，更提升我們生存的勇氣，使我們的身心都得到安寧。所以我們怎能不快樂呢！所以工作要有成就感！辛苦花費了很大的力氣完成一件工作之後，要能享受成就的喜悅，你才會更加喜愛工作，才會有敬業精神。敬業精神是最重要的工作態度，沒有敬業精神，其他的態度都將淪為空談。

二、具備工作責任感

　　工作責任感是很受重視的工作態度，若是沒有責任感，其他任何工作態度都沒意義，所以責任感是很重要的工作態度，有了責任感，對本身的職掌能負起責任，也才可能有敬業精神。何謂工作責任感？消極面而言，是指交到我們手中的工作，都會設法完成，不會逃避；積極面而言，是指工作還沒交到我們手中，我們就要主動去參與、主

動去完成。要如何展現工作責任感呢？對工作的分量不排斥，而且對工作的品質負責任，每次都要做得比上次更好，對工作的內容也不排斥，不挑三揀四的這個不做、那個不會，什麼工作都好、都做。工作責任感是一個主動、積極負責的態度，願意承擔工作上的責任，但也要注意不是要把自己變成超人，來者不拒，以致過量、超時工作，變成工作狂。

▲要具有工作責任感及使命感，對上司交代的事要盡力完成

三、勇敢面對失敗與挫折

初入職場，要先建立一個觀念，人生不可能永遠都是一帆風順的，任何人的一生都會遭遇有風有浪的時刻。因此多做多學不要太計較，我們不要怕挫折，不要怕失敗，更不要因為害怕失敗與挫折，而總是選擇逃避，這樣你的一生反而將更加坎坷。既然知道失敗與挫折總有一天會遇到，不如趁年輕越早經歷越好，越早發生損害越小，越早發生效用越高，越早發生越好適應。

四、強化職場人際關係

人際關係是對人的一種尊重，我們若是能夠尊重同事或主管，就會去看重與每一個人的人際關係，會努力去與每一個人都建立良好的人際關係。鄙視或太過於注重人際關係都不好。主管，是你的敵人還是貴人？尊重主管，與他建立良好的人際關係，遇到問題要向主管請益，更可以從他身上學到他的專長，肯定對未來很有幫助。良好的人際關係可

▲良好的人際關係可以幫助你建立廣大的人脈

以幫助你建立廣大的人脈；不要鋒芒畢露，搶上司的風頭，對同事做過多的批評，東家長西家短的賣弄嘴皮子，或採取獨善其身的政策等。但交際應酬或逢迎巴結不是人際關係唯有的路，這些行為可能可以幫助你建立良好的公共關係，卻不一定能幫助你建立美好的人際關係。建立人際關係不要排斥任何人、事、物，職場上要能與任何人共事，與任何同事都要可以合作，去完成上級交辦之任務並能承擔每一種任務，對任何有益公司的任務都不要排斥，而且都要全力以赴。

五、遠離職場的禁忌

(一)不要太快做出反應與結論

現在職場是鼓勵創意的，惟初入職場，當你對公司文化、工作內容、同事不是很清楚時，對於討論人或事時，不要太快做出反應、採取行動；若根據這樣太快下的結論去做出反應、去採取行動，可能會導致偏離正軌。要學習「話到嘴邊留三分」、「得饒人處且饒人」等等待人處世的道理，這些都是很受用的。進入職場之後，多多觀察，多多思考，不論與我們原來的想像是不是一樣，或是比我們想像的要來得順利，或是還要糟糕，都要避免用有限的經驗來給人生下結論，否則難免失之武斷，造成偏差。

(二)千萬不要太鐵齒

　　在職場裡，要多聽別人的建議，不要鐵齒；即使是一事無成的老前輩，他的建議都很可能是金玉良言。「不聽老人言，吃虧在眼前」，事出必有因，多聽前人的指點不會錯。先求瞭解、先能適應，再來求突破與改變還不遲，職場固然不一定路遙才知馬力，但切忌「吃緊弄破碗」，所以千萬不要鐵齒。

六、工作態度隨時自我檢查

1.上班不能遲到、提前十分鐘到，安排好一天的工作。

2.不要占用公司資源，做私人事情。

3.不侵占公司的資產和公款。

4.同事有好的表現時，要為他鼓掌喝采。

5.自己有好表現時，不要炫耀或得意忘形。

6.上班時專心工作，不聊天，不說閒話。

7.對工作盡心盡責，精益求精，

8.對公司要有向心力，有團隊精神。

9.遇到工作不順時，不急躁，冷靜思考解決方案。

10.不斤斤計較薪水，不輕易說辭職。

11.隨時和主管溝通、請教，做好交辦工作。

12.存心感謝給我們工作機會的人，工作要做得開心。

13.履行新鮮人五要：

　　(1)工作努力以赴，態度要親切。

▲對公司要有向心力，有團隊精神

(2)對事力求表現，對人要尊重。

(3)做事力求完善，說話要保留。

(4)事前全力以赴，事後要分功。

(5)關心整體利益，團隊要合作。

第五節　隨時培養競爭力

人的成功是態度和後天的努力，阿基師、寶春師父是業界楷模，機會是給有準備的人，我們初入職場職務低、薪水低、經驗少，又面臨不景氣時代，但是我們必須爭氣，因為「準備是機會的推手、安逸是危機的溫床、壓力是成長的基礎、熱忱是成功的動力」，企業家著重員工的工作態度、責任感、學習精神。要知道每個人心若改變，態度跟著改變；態度改變，習慣跟著改變；習慣改變，性格跟著改變；性格改變，人生跟著改變，因此我們要把自己看小，把事情做大，放低自己誠懇待人，創造好人緣。並透過良好的職場倫理課程從中學習，強化我們在職場上的人際關係，保持良好的工作態度，創造使個人和公司都立於不敗之地。

▲隨時培養競爭力

參考資料

1111人力銀行，特別設計「職場A咖大調查」，自103年2月19日到3月5日，針對會員進行網路問卷調查，http://www.www.1111.com.tw/news/surveyns_con.asp

希望森林上班服務網，http://www.seewant.org/

希望森林生涯輔導網，http://www.seewant.net/

李秋菊，〈職場達人守則——職場倫理〉，德霖技術學院，http://www.eportfolio.lib.ksu.edu.tw/

李勝祥、楊千葳，〈品牌經營與關鍵成功因素之研究——以糕餅業為例〉，http://www.logmgt.nkmu.edu.tw/teaching/resource/92report

偉成股份有限公司網，http://news.cens.com/cens/html/zh/supplier

張明旭（2012）。〈台灣烘焙市場的演變與未來挑戰〉。ITIS智網，http://www2.itis.org.tw/netreport/NetReport_Detail.aspx?rpno=511117923

陳明苓（2006）。《烘焙業創新商業模式與經營之研究——以馬可先生麵包坊為例》。國立成功大學企業管理學系專班碩士論文。

曾馨誼、張正堯（2014）。〈國內小型烘焙食品產業自主衛生管理現況分析〉。《烘焙工業》，第174期，2014年3月，頁38-43。

游蕙嘉（2010）。〈工作態度與職場倫理〉。《教學卓越電子報》（世新大學），第51期，http://www.2010-06 cc.shu.edu.tw/~ctepaper/51-ethic.htm

黃鈺涵、陳振祥（2010）。〈中小型烘焙業經營策略與績效之研究〉。《中小企業發展季刊》，第18期，2010年12月。

黃銘永（2002）。《台灣烘焙業品牌形象建購之研究》。中原大學企業管理研究所碩士論文。

Chapter
02

餐廚美學

黃靜純

　　「廚藝」二字，顧名思義係指「廚技」與「藝術」的結合，意即一道兼具廚與藝的菜餚，除了需要具備廚技的專業人才，整合食物製備、烹調技術、食品科學等的知識內涵，以發揮食材特性，保存其鮮度與營養價值外，尚須藉由廚師的巧手妝點，並融合造形、色彩以及美的形式原理等關鍵因素，讓食材得以各種表情、姿態盡情展演，進而將菜餚演繹為集結形、色、香、味之大成的藝術品，不但賞心悅目，更能帶領舉座賓客從未知、讚賞，進而細細品嚐，促使美味加乘，在視覺的導引下，更誘發了嗅覺與味覺等共感覺，豐富了餐桌上的感官體驗之美。

　　根據過去新聞局與觀光局的調查資料顯示，「具有美食觀光特色」與「美味佳餚」是國際社會與多數旅客對台灣的整體印象。由此可知，台灣的廚藝美食已聲名遠播，非但溫暖了人胃、軟化了人心，對於促進台灣觀光產業的發展與推動，更有其舉足輕重的地位。近年來，隨著生活水平不斷提升、物質與精神需求的精緻化，致使現今人們對於餐飲質量的要求，不再停留於飢餓感的滿足亦或僅是口味上的佳美多樣，轉而也開始重視並講究產品於視覺上的美感呈現。因此，面對變遷快速且較競激烈的餐飲市場，唯有透過廚技與藝術的結合，賦予食材更為嶄新的風貌，方能呈現異彩紛呈、變化多端的餐飲盛宴，帶給顧客難忘的消費體驗，轉化成為難以複製的競爭利器，甚至成為企業營運獲利與成功的重要關鍵。

　　本章節將解析廚藝中的道與美，內容除了以深入淺出的文字進行解說，介紹視覺傳達設計以及美的形式原理於廚藝創作的運用，逐步引領同學學習與廚藝相關的設計理論基礎外，並將輔以圖片說明加強理解，務使同學於學理之外，亦能蘊含美感情操、提升美學素養，以期在未來創作出具有深厚文化底蘊的廚藝作品。

▲菜餚不僅追求色香味，也注重視覺的美感

第一節　廚藝中的視覺傳達設計

　　一道能完整體現廚師技藝的美食佳餚，必須在味覺與嗅覺之外，兼顧視覺美感的實踐，方能豐富餐桌風景，翻轉味覺記憶，讓美食名副其實。過去，餐飲廚藝類科的學生，除了在廚房磨練刀工學習廚技之外，對於與設計相關的知識，亦多狹隘地聚焦在造形與色彩，而較缺乏全面性的觀念與看法。因此，本節將從視覺的角度出發，解構廚藝作品中，廚師如何以食材為視覺符碼，將所欲傳遞的訊息與情感，透過設計法則組織安排，轉化為兼具創意與美感品味的藝術品，以引發共鳴並喚醒消費者心中的感動，達成視覺傳達的目的。藉此可協助同學更宏觀且完整地從中習得造形原理與視覺構成等知識，進而在未來靈活應用在餐飲廚藝產品的創作表現。

一、形態（Form）

　　形態是造形的第一要素，所謂的造形還應涵蓋色彩、質感、時間、空間等四大要素，才能成其為造形。一般而言，形態可分成幾何形態與有機形態，就幾何形態來說，印象派畫家塞尚（Paul C'ezanne）認為：大自然可還原成圓筒體、圓錐體及圓球體，這三種基本形如果從立面圖看過去，便成了矩形、三角形及圓形，此即所謂的三原形。自然界中無論是礦物（明礬）的結晶變化過程，亦或人工裝飾圖紋，皆可見到幾何形態的變化應用；而有機形態則同樣廣泛地出現於自然物及人工造物之中，如變形蟲、鵝卵石或流線形車體等，比比皆是。

　　而在形態的建立過程中，則必須仰賴點、線、面、體等基本構成元素，透過製作技巧，組織排列為有意義的視像詞彙，才能成之為形，以完成視覺傳達的目的。

(一)點（Point）

一般的觀念裡，點是圓或線的最小單位，然而在幾何學上，點只占有位置，而無其形態與面積。亦即點的形態與大小，必須與其周圍的環境要素（如空間大小、距離遠近等）進行比較，是一個相對而非絕對的概念，所以點可以是夜空裡閃耀的星星、汪洋中行駛的船舶，也可以是餐盤中提味的蔥花、嘴角上殘留的餅屑、飯粒。

點是一切形態的基礎，是注視的中心。點有實點（積極的點）、虛點（消極的點），還可以構成線（點的連續）與面（點的擴充）等各種樣貌。視覺上，點並非是靜止的，而是具有集中和分散、起始和終止的意涵，運用在視覺傳達上，具有引導、聚合視線的作用。由於點可以是不同的大小形態，若與鄰近的造形要素共同存在時，則會產生不同的視覺效果，進而影響觀看者的心理感受。

點具有以下幾點視覺特性：

1.單一點具有集中與凝固視線的效果。
2.兩個相同大小的點存在時，我們的視線會在兩點間游移，而產生線的感覺。
3.兩個不同大小以上的點存在時，視覺動線則會由大至小產生動感。
4.三個以上的點同時存在時，容易產生面的感覺。
5.連續排列的點會產生節奏、韻律和方向的指引性。
6.變化形態及大小，點也可以表現出三次元的性格。
7.計劃性地排列大小不同的點，可以構成不同深度的空間感。

由於點的造形簡潔有力，同時具有凝聚視覺焦點的作用，因此，常被應用在平面設計中的商標（Trad Mark）或標誌（Logotype）設計。在廚藝設計中，則可透過小面積的食材或醬汁等素材的運用，以達到畫龍點睛的裝飾功效。

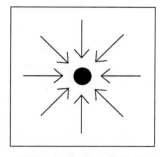

▲只有一個點時,我們的視線就會集中在這個點上

▲大小不相等的點存在於同一畫面時,我們的視線會先集中在大點,後再移動到小點上

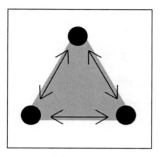

▲三點以上時,(虛)面的感覺可能性較大

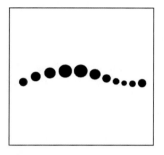

▲數個接續排列的點,容易產生(虛)線及韻律感

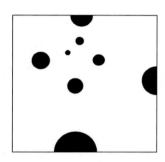

▲變化點的大小及排列,可表現出三次元的空間性格

▲利用醬汁或小面積食材作為點的裝飾運用

▲應用點為設計元素的味全商標

(二)線（Line）

線是點的移動軌跡，根據幾何學的定義，線只具有位置及長度，而沒有寬度與厚度。然而在視覺表現上，為使我們能看見，其定義所指亦應與點相同，是相對於其所處的環境而言，而非絕對性的。

長度是線的首要特性，唯有寬度比長度小時，才可稱之為線。線的種類及構成有多種不同形式，如曲直、長短、粗細、連接、交叉等應用，由於線是點移動的軌跡，所以線本身就具備了動的力量，其走向及形態，會表現出一定的運動感，可直接引導、影響視覺的傳達效果。

線不但有其方向與遠近等空間性格，更具有情感傳遞上的特性：

1.垂直線：具有嚴肅、直率與堅強的感覺。
2.水平線：具有平靜、安定與停止的感覺。
3.斜線：具有飛躍、速度與積極的視覺動感。
4.曲線：具有間接、優雅與柔順的感覺。
5.折線：則有衝突、不安定的緊張感。
6.粗線：具有前進、穩重有力的視覺效果。
7.細線：具有後退、纖弱與銳利的視覺效果。

 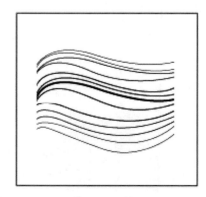 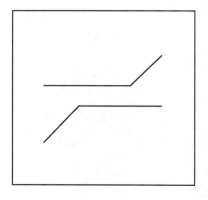

▲線的各種面貌：直線、曲線及折線

　　中國的書法和國畫是線條美感的極致表現。書畫家運用毛筆，體現了抑揚頓挫的力道、千迴百轉的方向，精心布局了起承轉合的畫面。近年來，廚藝的表現手法中，不乏有許多擺盤裝飾，也善用了中國畫中的潑墨畫法，將不同色澤的醬汁點綴其中，非但美化了餐盤的空白處，也反映了廚藝家的美學素養與審美態度。

▲以線條為主的飾品設計

▲以線為架構的牆壁塗鴉裝置藝術

▲以食材造形及醬汁作為線條妝點的廚藝作品

(三)面（Surface）

幾何學上，面是線移動時的軌跡，具有長度、寬度而無厚度。面是由線所封閉構成的視覺空間，面的組合及連接可組成形狀或構成體，所以面也是體的基本單元。

面與形具有不可分割的密切關係。一般來說，形的成立在前，而面的成立在後，兩者之間存著相互往返的意識，亦即看到形之後會接著產生面的意象，而當面與面在一起時，形又自然而然地存在了。例如：當我們用線條畫了一個正方形，我們通常會說這是一個「正方形」而非「正方面」，這是因為正方形尚未在我們的意識中形成面的概念，但是當其被色彩塗滿後，面的意識會較形來得更強烈，此時我們便會認知其為面了。

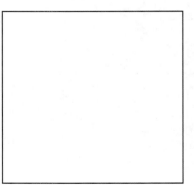

▲正方形與正方面

▲以面為主要呈現形式的擺盤藝術

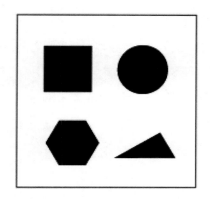

▲面的各種面貌

　　相較於點和線，面在視覺語彙的傳達上，似乎更具有情感與量感。由於構成一個形之線條的長度與角度各有不同，因此也就產生了各式各樣不同表情樣式的面：

　　1.幾何形的面：具有明快、理性與機械的秩序美。

　　2.有機形的面：具有自然、純樸的視覺印象。

　　3.偶然形的面：具有創意的個性之美。

　　4.不規則形的面：則能展現人情味的溫暖感受。

(四)體（Volume）

　　當不同的面於不同的方向，並在邊緣的位置上接合在一起時，便成之為體了。體具有位置、方向、長度、寬度與深度。體是由二維平面（2 Dimension）形態進入三維立體（3 Dimension）空間的進階表現，其構成是以面為基礎、力學為結構，施以造形要素、發揮材料特性，藉以體現具有深度感知和立體空間信息的狀態，無論建築設計、工業設計、展示設計、包裝設計以及餐飲廚藝設計等，無所不是體的造形應用。

　　由於體透過組織結構，可以隨意架構或區隔出不同維度的多樣空間，因此，創作者在形態樣貌的表現上，不能僅是專注於單一視角的呈現，更須全方位地留意環顧不同面向上的空間經營與表現，藉以營造不同

視角的形態之美,讓觀賞者得以更為自在地遊走欣賞。

　　任一類型的設計表現,如果僅是單一元素的表現,有時會顯得單調並受侷限,巧妙結合點、線、面、體的特性,加以綜合靈活運用,方能將創作者所欲傳遞的資訊與情感,更為準確且多元地透過造形語彙完整地呈現,進而達成視覺傳達的最終目的。

▲廚藝上體的表現與應用

▲結合點線面體呈現的廚藝作品

二、色彩（Color）

　　在人類的生活史中，色彩廣泛地與許多領域的表現有所關聯，諸如藝術、工業、建築或食品等。我們常用「形形色色」或「多彩多姿」，來形容物體多樣的形態與豐富的色彩，道出了形與色兩者間密不可分的關係。工業時代以後，隨著合成染料與人工塗料的出現，色彩乃大量地被應用於造形中，在視覺傳達設計裡，扮演了舉足輕重的要角，人類能體驗、選擇的色彩數量，已遠遠地超越了前人。近年來，隨著經濟與科技高度發展的結果，人工色素亦成為食品加工中，用來模擬食物色澤，刺激視覺、促進食慾，藉以增加食品附加價值，提升購買慾望的不敗利器。然而，隨著養生風潮的盛行，再度喚醒了人們對健康意識的警覺，一連串接續掀起的食安風暴，除了揭露人工色素的過度濫用外，卻也提醒並教導了消費者，如何透過色彩，便能簡易地初步辨識食品的真實性與安全性，讓人可以吃得安心、用得放心。

　　利用色彩更為快速、準確地傳遞訊息，以達成溝通的目的，是現今色彩跳脫過去純粹效果的機能性用法，亦即藉由賦予色彩特定的意義，以完成資訊傳達的任務。例如：從乾燥劑的顏色變化，我們即可辨識其吸濕功效；從捷運路線圖的色彩分類，可用來區別不同方向的乘車資訊。此外，色彩尚有物理上的效用，倘若在汽油儲存桶外部塗上白色的顏料，將會比塗上紅色減少三分之一的蒸發量。而透過色彩計劃，改變或影響人的生理或心理，更是時有所聞。舉例來說，如果以暖色系（如紅色）為布置基調的餐廳，其翻桌率往往會大於以寒色系（如藍色）為主的餐廳。這是因為人體若待在紅色的環境中，其神經系統會處在興奮或緊張的狀態，導致身體無法放鬆休息，心情亦無法獲得平靜，進而影響其停留的時間與意願，這即是色彩因為心理感受，連帶影響生理作用的直接表現。

　　透過觀察與學習，可以增進我們對於色彩的瞭解與應用。餐飲廚藝領域對於色彩的學習與認識，應將重點放在偏重心理層面的色彩感覺，以及色彩在傳達上的機能性特徵，藉以掌握消費者因色彩所誘發的心理狀態

▲首爾東大門設計廣場裡的領帶展示區　　　　　　▲天然食材中所蘊含的豐富色彩

與情緒反應,進而善加運用食材特色於餐飲製作的色彩呈現,創造美味的加乘效果,而非一昧地學習如何精準調配顏色,或理解偏重科學的色彩體系。

(一)認識色彩

　　在色彩的相關描述中,最常被提及的莫過於色相、明度及彩度之所謂「色彩三要素」,因此,任何對於色彩的學習,皆應先瞭解色彩三要素後,才能做更進階的應用。色彩三要素是用來作為定義或標示某種顏色構成時的科學性方法,每一種色彩的構成,皆是由獨立的色相、明度與彩度所共同組成,倘若三要素中任何一種改變,那麼便會隨之產生另一種新色彩;意即特定的色相、明度與彩度僅會組合成某一種特定的色彩,而某一種顏色的形成,也必須由特定組合的色相、明度、彩度才能共構而成之。色彩三要素可建構出類似數學XYZ的三度空間座標圖,只是這裡的XYZ座標平面,則分別改由色相、明度與彩度來標示。座標內的點,各自代表著由三要素中不同數值組合而成的特定色彩位置。這種以量化進行色彩標記定義的方式,可以協助我們更為精確地描述抽象的色彩,進而更有效率地建立色彩系統。

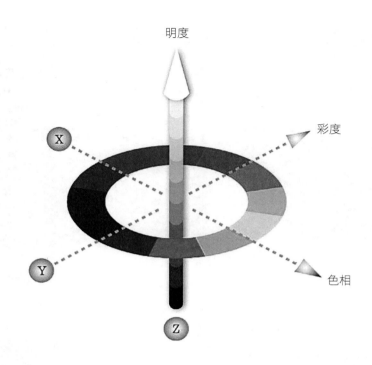

▲色彩三要素利用三度空間的**XYZ**座標系統來表示色彩的
　色相、明度與彩度變化

◆色相（Hue）

　　簡寫為H，是指顏色的特質，就像平常我們常說的紅、橙、黃、綠等
各色，僅是用來區別色彩種類的名稱，與色彩的明暗強弱沒有關係，就像
我們每個人都有自己的名字，卻無關乎個人的身材品格，是一樣的道理。

　　色彩的命名主要是為了能讓人輕易地認識色彩，一般而言，色彩有
三種不同的命名方式：(1)基本命名：一般係指色相上的純色而言，如紅
色、綠色或黑色等；(2)系統命名：是有系統性的一種命名方式，會與帶
有修飾性的形容詞一起出現，如淡藍色、深灰色或粉紫色等；(3)固有命
名：也稱傳統命名，是直覺性的判斷命名方式，通常會以生活周遭常見的
事物輔助說明，如豬肝紅、芥茉黃、土耳其藍，或翡翠綠、科技黑等。

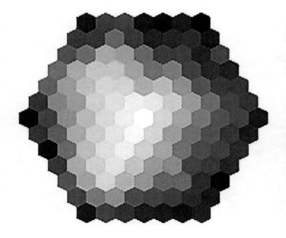

▲色相是區別色彩種類的名稱

◆明度（Value）

簡寫為V，是指色彩的明暗程
度，可以視為一個顏色中含有黑色
或白色多寡的程度，無論有彩色或
無彩色皆有明度的表現。明度的變

▲明度是色彩明暗程度的變化

化通常只會影響顏色的黑白表現，而不涉及色相的改變。任何一個顏色的
明度越高，意指其白色含量越高，顏色越明亮；當明度降低時，則表示黑
色含量提高，顏色也會隨之轉為暗沉。繪畫中的素描作品及中國的水墨
畫，即是僅以明暗濃度變化，來追求畫面空間遠近與立體感表現的最佳案
例。

◆彩度（Chroma）

簡寫為C，是指色彩的飽和程度，亦
即一個顏色所含顏料的多寡。顏色越飽和
的色彩，其彩度即越高，因此，彩度又可
視為某種顏色在該色相上的強度。色料
中，以純色的飽合度最高，所以純色也常
被認為是該色相中彩度最高的色彩。純色

▲彩度是色彩的純度或濃度變化

加入無彩色（黑、灰、白）之後，彩度都會降低，混合的比例越高，則彩度越低。

(二)色彩的心理感覺

過去曾經有人形容觀看色彩時，是要「以心視色」，意即當我們的視覺器官透過光線接收到物理性的色刺激時，會因為周圍空間性或時間性因素的影響，而在人的心理各自產生不同的發酵，進而對色彩有了不同的感覺與體認。例如：身處在燈光美、氣氛佳，又香味四溢的用餐環境，面對一桌兼具廚技與廚藝的美食當前時，內心會因為受到美食的引誘而感到愉悅。這是由於我們的身心受到周圍環境、食材本身及其色彩、造形等因素，共構影響了伴隨而來的情感效果，所引發的整體心理效應，促使美味加乘、更顯美好。

以綠色荷葉襯底的紅蟹鮮魚，總是有一股特別的風動美感；黑色的風格食器，特別能夠烘托出黃色南瓜的鮮甜濃醇；而蒸好的鮮魚，一定得要放上綠蔥花與蘿蔔絲來繽紛畫面、增添生氣。再者，有時相同大小的東西，會因為色彩上的差異，而造成視覺上的誤差；有些色彩則會特別讓人

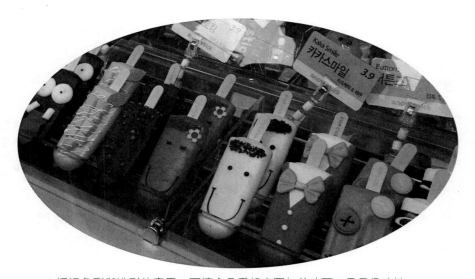

▲透過色彩與造形的應用，可讓食品看起來更加美味可口且具趣味性

感覺到溫暖或寒冷。上述舉例，皆說明了我們看到一個色彩後，不僅對它會有感覺、知覺的反應，同時還會對這個色彩發生情感上的作用，因而彰顯了色彩的效果，此即色彩的心理感覺。

◆溫度感覺

　　在色彩的溫度感覺上，一般而言，與色相的相關性最高，其次才是明度、彩度。在伊登十二色相環中，紅、紅橙、橙、黃橙及黃等色彩，即屬於「暖色系」的色彩；青綠、綠青、青及紫青等色彩，則屬於「冷色系」的色彩。通常暖色系的色彩其波長較長、強度較強，屬於積極的「外向型」色彩，給人前進性、密度高、興奮活潑的感覺；而冷色系的色彩其波長短、強度弱，屬於消極的「內向型」色彩，具有後退性、密度低與冷靜憂鬱的感覺。

　　其他如黃綠或紫色，則屬於中性色，其溫度感覺較不顯著，容易受到相鄰色彩的溫度感覺所影響，當鄰近色為冷色系時，則其感覺會偏暖，反之，當鄰近色為暖色系時，則其感覺就會偏冷。

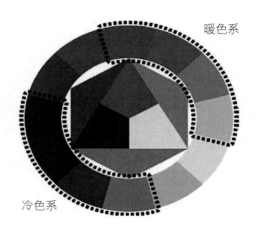

暖色系

冷色系

▲伊登十二色相環中寒暖色系分布

　　色彩的溫度感覺被廣泛地應用在各種領域的色彩計劃，尤其在食品包裝上，透過色彩更能烘托、強調食品所欲傳遞給消費者的無聲訊息，這也就是為什麼在夏天販售的飲料包裝，多是以寒色系為主，藉以表達清涼的冰鎮感；而冬天的熱飲，則多以暖色系來象徵厚實暖熱的冬陽，進而傳遞溫度感。根據研究顯示，暖色系的配色，無形中還能增添食物風味，促進人的口腹之慾，因此，坊間多數餐廳裝潢或食品包裝，皆喜愛採用暖色系作為配色應用，其實是有其色彩心理上的溫度考量做基礎的。

▲中間的青色色塊，會因為背景色彩的冷暖而呈現不同的溫度感，右圖
的青色色塊較左圖的色塊顯得略為溫暖

◆ 距離感覺

　　色彩會因為周圍或背景顏色的影響，而產生不同距離感覺的錯覺，其中暖色系的色彩會感覺較為前進，因此，稱為「前進色」；而冷色系的色彩，因為會感覺較為後退，故又稱為「後退色」。這種現象在色彩三要素的序位上，色相為首位影響要素，其次才是彩度、明度。

　　色彩在距離表現上的特性，被大量地應用在二度空間的平面繪畫上，試圖營造出三度空間的立體感與遠近感。繪者總是不斷地利用色彩的距離感覺，施以前景物體前進感較強烈的色彩，以凸顯主題；而遠方的景物則以冷色系來強化後退感，非但增加了空間的層次感，也將畫面的主從關係，表現得淋漓盡致。此外，在空間的設計規劃上，也常仰賴色彩的距離感覺，企圖改變人的真實感受，創造出局部放大或縮小的空間效果。

▲左圖給人一種向下凹陷的感覺，反之，右圖則有向上凸起的感覺

◆面積感覺

色彩的面積感與溫度感及距離感具有直接的關係，一般而言，暖色系或前進色具有向外擴張的效果，因此，稱為「膨脹色」；而冷色系或後退色則有向內收縮的感覺，故稱為「收縮色」。

▲經過比例調整的法國國旗

設計領域常會運用色彩膨脹或收縮的特性，來改變空間或立體效果，可以讓視覺表現更具魅力，藝術史上的「歐普藝術」即是運用此種色彩特性，作為創作手法的典型範例。而在彩妝或服裝設計的表現上，也常利用色彩的面積感覺，來修飾外表妝容或身材，以達到凸顯優點、弱化缺點的功效。另外，法國國旗的三色（紅、白、青）面積比率，乍看之下似乎是等比，但其實仔細丈量，會發現並非

▲置於寒色系色彩中的暖色系色彩，視感會比實際大小更加膨脹，並給人前進感，反之，則有後退感

相同大小。這是因為設計時，即將色彩的面積感覺納入考量，由於白色最具膨脹感、青色最具後退感，所以調整過後的實際面積大小，紅：白：青其實大約是33：30：36，如此，透過視覺，在我們看起來才會感覺三塊面積是一樣大小的。

◆輕重感覺

鐵是重的、棉是輕的；大地是沉著的、天空是清爽的；黑夜是沉重的、白雲是輕浮的，這是人類的視覺器官，靠著日常經驗的不斷累積後所下的判斷，而對於色彩的輕重感覺，通常也是伴隨著經驗而來的心理感受。

決定色彩輕重感覺最主要的要素是明度屬性，其次為彩度，色相的影響力則為最小。一般來說，明度高與彩度低的顏色，其色彩往往給人感覺較輕盈；而明度低與彩度高的顏色，則給人較沉重的感覺。

在設計或繪畫的表現上，也常應用色彩的輕重感，作為感覺的強調。通常位於畫面上方的物體，為了避免給人沉重的壓迫感，因此，多以明亮輕快的顏色表現，這就是為什麼多數房間的天花板，總是以白色或淡藍色等高明度的色彩來進行配色的原因；相反地，位於畫面下方的東西，為了給人屹立不搖的穩固感，所以多會以低明度的顏色來呈現，因此，地板的色彩總是較天花板來得重，有些建物甚至會在牆面與地板的連接處，漆上一道黑色的腰帶來強化量感，道理即在此處。

▲因為色彩差異而產生不同的重量感
圖片來源：http://www.adweek.com/adfreak/awesome-beer-cans-show-pantone-color-brew-thats-inside-160181

(三)色彩意象與聯想

色彩意象（Color Image）是指對於色彩所產生的特定印象及心理感覺。而色彩聯想（Color Association）則是指看到某種顏色時，很容易地會想起和它有關的事物。由於人們容易因為色彩的既定印象進而產生聯想，因此，兩者間具有密切的關聯性。例如：一般我們認為紅色帶有熾熱、熱情或火辣的意象，這是因為紅色容易讓人聯想到太陽或辣椒，進而連帶產生的心理感受。色彩所代表的意象或感受，會因地理環境、種族文化、宗教信仰或性別、年齡等的差異，而有不同的認知。例如：在台灣迎親嫁娶時，總是以紅色來象徵喜慶與熱鬧；反之，在日本卻是以白色為主，以作為善良、純潔的表徵。亦即色彩意象與聯想可以說是一種因文化

傳承與教育學習等因素，所共同累積產生的心理反應結果，因此，運用色彩作為訊息傳達時，即應將上述等各因素多方納入考量，避免誤用，如此才能產生較佳的共鳴。

在商業應用與行銷上，色彩被認為是「最便宜與最重要」的設計元素。當我們挑選某種商品時，最終選定的關鍵因素，無疑是色彩的考量，因為色彩的喜好，非但揭露了消費者的個性，更展現了個人的品味，因而強化了色彩的重要性。而多樣的色彩，更能為企業帶來話題、創造營收。Apple蘋果公司所生產的iPhone5s，金色外殼的手機，便較其他顏色來得熱門搶手，甚至一度造成缺貨的情況。這是由於金色容易與金子產生聯想，給人以尊榮、珍貴與權勢的意象，尤其在以華人為主的國家，更顯如此，因此無形中提升了商品的價值，並直接反應在銷售數據上，讓人在純粹之外，見識到色彩強大的行銷威力。

表2-1　色彩意象與聯想表

色彩	色彩意象	色彩聯想
黑色	莊嚴、權威、高貴、堅硬、哀傷、神秘、科技、絕望、骯髒	黑夜、頭髮、墨鏡、喪禮、墨汁、木炭、黑木耳、黑松露、醬油
白色	純潔、神聖、純淨、天真、明亮、公平、舒服、空白	衛生紙、護士、北極熊、雪、雲、米、麵粉、蒜頭、銀耳、牛奶
紅色	危險、緊張、歡樂、吉利、火辣、熱情、熾熱、血腥	太陽、火焰、喜帖、蘋果、辣椒、番茄、紅豆、玫瑰、血、消防車
橙色	香甜、溫暖、快樂、積極、明朗、陽光、活潑	橘子、葡萄柚、木瓜、燈泡、晚霞、磚瓦、新黨
黃色	明亮、活力、希望、豐收、注意、警告、情色	香蕉、柳丁、稻穗、黃薑、玉米、蛋黃、黃金、月亮
綠色	環保、天然、青春、活力、和平、清新、自由、健康	草地、森林、檸檬、青菜、青椒、椰子、青蛙、郵差、民進黨
藍色	寬闊、穩重、平靜、憂鬱、科技、理性、清爽	海洋、天空、水珠、藍莓、外太空、牛仔褲、國民黨
紫色	浪漫、曖昧、神秘、性感、嫵媚、夢幻、成熟	葡萄、茄子、紫色高麗菜、芋頭、紫番薯、紫羅蘭

(四)色彩的傳達特性

色彩的利用並非只有美觀上的單純訴求，透過色彩，可以更有效率地傳遞訊息，讓訊息可以更快速地被辨識、閱讀或記憶，進而精準地傳遞不同的意象概念。因此，本小節的重點在介紹色彩五種不同的傳達特性。

◆視認性（Visibility）

視認性是指物件容易被視認的程度，意即一件東西放置的距離，和其可以被我們認知間的關係，其被視認的距離越遠，就代表其視認性越佳。例如：道路指示牌，為了確保駕駛或用路人在遠處就能清楚閱讀指引資訊，所以其配色與文字的視認性，皆有經過嚴格的設計制訂工序。

視認性的高低與對比有連帶關係，一般而言，對比程度較高的，其視認性也會相對提高。而色彩的視認性，則與色彩三要素的對比有關，其中又以明度對比對視認距離和視認時間的影響最大，其次才是彩度對比和色相對比。因此，提高文字或圖像與背景的明度對比，將能獲得較好的視認效果。此外，若視認物的環境周圍單純，其視認效果也會較複雜的環境來得提升許多。

日本學者塚田敢（1983）曾以視力檢測表中的Landolt C字環，探討視認性優劣，其中視認性較佳的十組色彩配色，其順序如下：

1.黑地黃圖　2.黃地黑圖　3.黑地白圖　4.紫地黃圖　5.紫地白圖

6.青地白圖　7.綠地白圖　8.白地黑圖　9.黃地綠圖　10.黃地青圖

▲視認性較佳的色彩配色

而視認性較差的十組色彩配色，其順序則如下：

1.黃地白圖　2.白地黃圖　3.紅地綠圖　4.紅地青圖　5.黑地紫圖

6.紫地黑圖　7.灰地綠圖　8.紅地紫圖　9.綠地紅圖　10.黑地青圖

▲視認性較差的色彩配色

◆易讀性（Legibility）

　　易讀性是指資訊容易被閱讀的程度，通常文字的字體、字級、筆劃粗細或多寡，以及色彩與圖像的選用搭配等因素，皆會影響到易讀性的高低。例如：在瀏覽網頁資訊時，頁面上過於花俏的背景圖，或者視認性較低的文字配色，都會降低其易讀性，因此容易引發視覺疲勞，進而影響到使用者的瀏覽意願與停留時間；再者，如商業包裝上的產品名、品牌名或者成分標示等資訊，皆應有較高的易讀性，因為除了可以協助消費者在購買前瞭解產品的相關訊息外，更可保障消費者知的權益。由此顯見，在資訊的傳遞過程中，易讀性是很重要的。

　　日本學者塚田敢（1983）曾經引用神作與岩館兩人的實驗結果，認為：

1.圖為有彩色而背景為無彩色，會比背景為有彩色而圖為無彩色的易讀性高。

2.當背景為黑色時，各純色易讀性的優劣順序為：黃、黃橙、黃綠、橙、紅、綠、紅紫、青綠、青紫、紫。

3.當背景為白色時，其順序剛好與上述背景為黑色時相反。

▲上方圖形色彩，會因為黑白不同背景色的搭配，而產生易讀性上的優劣順序

◆識別性（Identity）

　　指經由賦予不同色彩各自代表的意義，藉以區別或辨識不同的事物，此即所謂色彩的識別性。色彩的識別性被廣泛地應用在日常生活中，例如：我們會利用不同顏色的色筆或便利標籤，來做重點註記或資料分類；捷運或公車也會依不同的路線，用色彩做區分，方便搭乘者辨認；不同的學校或科系，也會利用不同顏色的校服或系服，來作為辨識的指標。此外，公司行號也常透過企業識別系統（Corporate Identity System, CIS）中，視覺符號的建立與色彩計劃的實施，藉以提升企業形象，強化企業的識別性，建立消費者的認同感。例如連鎖便利超商中，7-ELEVEN是以橙、綠、紅三色作為企業色；全家是綠、藍二色；萊爾富則是以紅色為主；另在知名的速食店裡，黃與紅是麥當勞的企業識別色；肯德基則是紅色。上述皆是成功地透過賦予企業象徵性色彩，進而在消費者心中建立起鮮明、深刻且兼具識別性色彩的代表性案例。

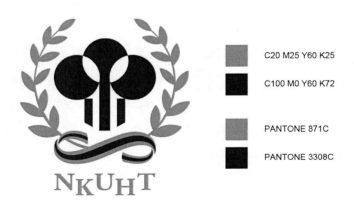

C20 M25 Y60 K25

C100 M0 Y60 K72

PANTONE 871C

PANTONE 3308C

▲國立高雄餐旅大學的視覺識別系統

　　而在食品包裝中，也喜歡以色彩作為口味的區分，例如：Lay's樂事洋芋片，紅色是麻辣口味、橙色是雞汁口味、黃色是起司口味、綠色則是海苔口味；再者，如咖啡色或黑色是咖啡包裝的慣用色、綠色是茶飲包裝的識別色、白色是賣鮮奶的、而藍色則是運動飲料的代表色。食品包裝的色彩計劃，善用了人們對食材的聯想所產生的色彩意象（如紅色，容易產生辣椒的聯想，而有了麻辣的意象），透過直覺式的聯想方式進行辨識，同時也強化了色彩與口味間的連結關係。

▲應用色彩作為區辨口味的包裝設

◆注目性（Attention）

　　色彩的注目性又稱誘目性，是指色彩容易引起注意的程度。色彩的注目性由於具有醒目的作用，因此，常被應用在器具的開關按鈕，或者需有安全性提示警告的工業機械操作或交通號誌上。此外，舉凡商品包裝、廣告招牌或民生必需品，為了凸顯商品、吸引消費者的目光並尋求差異化，也都會選用比較醒目的顏色來進行色彩配置。

　　影響色彩注目性的因素，普遍來說，高明度、高彩度或是華麗、明快的色彩，其注目性通常也會比較高。另外，色彩的注目性也會受到個人的嗜好或情感因素所影響，例如特別喜好或厭惡的顏色，或者記憶深刻的事件，比方會因為曾目睹車禍傷者流血，因而對紅色特別敏感，容易引起

注意。根據學者林書堯（1978）的調查顯示，具有下列特性的色彩，較為
容易引人注目：

    1.明度高的色彩。

    2.日常生活中較少見的色彩。

    3.周圍沒有相似或類似的色彩。

    4.流行性的色彩。

    5.積極性的色彩。

    6.整體效果美感度高的色彩。

    7.容易引發共鳴的色彩。

▲具有差異性配色的餐具設計

▲容易引人注目的多彩縫紉線

◆記憶性（Memory）

人類對於色彩的記性，似乎往往比文字或圖像來得高且容易，因此，色彩常被計劃性地利用，以作為強化記憶的工具。在前述識別性中，我們曾經提及企業除了會善用色彩，作為與其他相關企業的識別外，同時也可用來加強消費者的記憶。例如：當我們想要選購碳酸飲料（汽水）時，也許我們並無法清楚地記憶可口可樂（Coca-Cola）或百事可樂（Pepsi）的英文，但是，我們卻可以輕易地記起彼此間企業色彩的差異，而正確地挑選採買。一般情況，記憶性高的色彩具有以下幾點普遍原則供參考：

1. 有彩色比無彩色高。
2. 暖色系較寒色系記憶性高。
3. 純色較調和色容易記憶。
4. 清色比濁色高。
5. 華麗的比樸素的高。
6. 彩度高的色彩。
7. 色彩數量少的較多的容易記憶。
8. 色彩形態單純的也較複雜的容易記憶。

▲透過色彩計劃，可讓消費者產生根深柢固的記憶

第二節　視覺之美

一、美的形式原理

　　在我們學習了形態與色彩的知識後，只能說我們對於造形的構成有了基本的概念，對於建構出具有美感，能引起觀者共鳴的作品，還需要在表面架構之外，賦予內在美的形式條件，如此才能成之為具有深厚魅力、引人駐足觀賞的藝術品。一般人，即使沒有受過嚴格的造形培訓或美學涵養，對於美的事物仍舊具有基本的判斷能力，所以我們會一致贊同電視裡的某位明星為正妹、型男，起而效尤地追隨並模仿起其舉止或打扮。這種對於多數人一致性的看法，即是因為其本身已經達到了某種美的條件，產生抗拒不了的吸引力與愉悅感，透過視覺，連鎖引發生理及心理上的微妙化學效應，促使我們持續不斷地關注欣賞。

　　有關美的形式原理的討論，遠從古希臘的哲學家亞里斯多德（Aristoteles）開始，乃至康德（Kant）、黑格爾（Hegel）等人皆有深入的研究；近代的心理學家與美學家再進一步地加以歸納、彙整與分析、檢討後，遂提出諸項原理法則，時至今日，已成為設計或藝術領域，後學者的必備基本知識，並奉之為圭臬。對於餐飲廚藝科系的學生來說，學習並理解美的形式原理，可結合造形的先備知識，將之靈活應用於實務操作課程，可有助於增進產品的形塑能力，以及擺盤的呈現技巧，提升作品的整體視覺美感與觀賞價值，進而美化了餐桌上的風情、繽紛了用餐者的心情。茲將幾項重要的美的形式原理介紹說明於後。

(一)對比（Contrast）

　　係指將兩種以上質量相差懸殊的要素配列在一起，相互比較後，所產生的差異感，如長短、粗細、大小、橫縱、黑白，抑或「鶴立雞群」、「萬綠叢中一點紅」等皆是對比的最佳寫照。對比因著要素間彼此抗拒的緊張狀態，彰顯了對方的特徵，而造成視覺上的強力衝擊，卻反而因此增

添動感與趣味性，促使作品顯得高潮迭起並扣人心弦。

　　對比包括的面向非常多元，如攝影時的黑白高反差、交通上的黃黑斑馬線，或是海報圖文對比設計、舞臺強弱燈光變化等皆屬之。同學於廚藝設計時，亦可廣泛地將之運用在食材的形塑、色彩的配置、食器的選搭或口味的調配等。例如：使用白山藥搭黑餐盤、綠蘆筍配紅蝦卵；以咖哩醬汁畫盤，可補白增顏色，亦或以酥脆的熱岩漿黑巧克力，搭配軟嫩的西洋梨雪酪，在在都是對比形式的綜合表現與靈活應用。

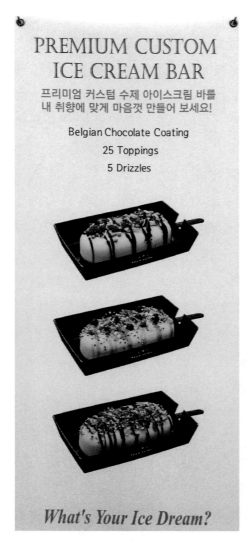

▲色彩對比強烈的海報設計

▲善用食材與食材、食材與盤子間色彩對比的廚藝作品

對比雖然具有強調的作用，可使強者更強，弱者更弱，因著相互襯托，而達到畫龍點睛的功效，然而卻也不宜行之過度，產生對立。對比與其他原理一樣，必須以統一作為後盾，在對比中求調合，在變化中不失統一，如此，才能發揮真正的效果，強化作品的生命力。

(二)韻律（Rhythm）

又稱節奏或律動，原本是用來形容音樂表現的屬性之一，但在我們的生活環境中，諸如春夏秋冬的季節更替、日月星辰的轉動運行，或是海浪的運動、植物的生長，以及各種生理現象、色彩、生活等，其實處處皆可窺見韻律的訊息。根據前述的舉例，便不難理解韻律的定義為：凡是規則或不規則的反覆交替，或是週期性的現象，均可稱之。

在造形上，韻律是表現速度，展現力量的最佳法則。只要將一個視覺單位，藉由形態或色彩，以反覆（Repetition）與漸變（Gradation）的交互運用，做規律的連續表現，並在平衡與比例等原則上稍加變化，便能成之為具有變化又富於韻律感的視覺作品。廚藝中的擺盤設計，即可透過同一食材的重複運用，再藉由大小或色彩等的次第變化，靈活建構造形或安排構圖，巧妙地創造出具有韻律感的生動作品。

上述提及的反覆，是指將相同或近似的單位形、色彩等要素，做規律性的重複排列，如建築物中的欄杆、窗戶或屋瓦的重複排列等。反覆是構成律動的要素之一，因數量產生的群化效果，具有「數大便是美」的視覺優勢，雖可呈現出一定程度的秩序感，然若不稍加變化，則會顯得單調無趣，此時，即可運用漸變來加以突破。

漸變或稱漸層，是反覆的一種特殊方式，係指一個單位形的排列由大至小、動作由快至慢，或色彩由明至暗、由深至淺等，依序做有規律地遞增或遞減的改變，而產生的韻律感。漸變依造形的需要，可自由透過變化數字的比率大小，產生不同層次的視覺效果，如以1、2、3、4等的公差級數，或是1、2、4、8、16等的等比級數。自然界如竹筍、貝殼、海星、孔雀羽毛等，或人造物中的高塔、煙火、裝置藝術等，皆可看到因漸變所產生的律動美。

▲應用反覆與漸層元素，排列而成的廚藝作品與台北知名地標

(三)比例（Proportion）

比例是指在同一個事物形態中，部分與部分，或部分與整體之間的數理關係，這種關係若能給人以美的感覺，即為優美的比例。自古至今，比例被廣泛地使用於建築、工業以及繪畫等不同領域，擁有完美的比例被視為是一種美的極致表現。

在比例的相關論述中，探討最多的即是黃金比例（Golden Proportion），它被公認是衡量自然美以及人造美的最高準則，也是自古以來最理想的尺度，其基本公式是：將一個線段分成兩段，其中小線段與大線段之長度比，恰等於大線段與全線長度之比，比值約等於1：1.618，將之應用於視覺造形上，容易在統一中取得變化。日常生活中，從國旗、名片、明信片或郵票等，其長寬之比值都與黃金比例非常接近。此外，諸如我們居住的住宅天花板高度、傢俱或車體大小等，在設計時，其實也都會將比例關係，適當地納入考慮，以期在使用時，能獲得較為舒適

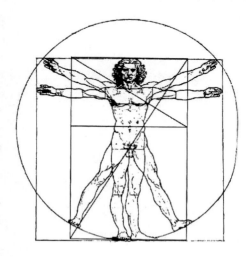

▲維特魯威人是李奧納多·達文西於《建築十書》中，所努力描繪具有黃金比例的完美人體

的空間感受。

　　過去，雖然美的比例一直被大量應用，並廣受歡迎，但是近幾年，隨著社會風氣的開放，較之以往，民眾對於新奇事物的接受度躍升，因此，常可見到許多設計作品為達宣傳效果，而刻意打破正常比例關係，以怪異或突兀的造形手法，營造視覺上的衝突效果。而在餐飲領域，也不乏有類似的做法，為迎合消費者求新求變的喜好，總會有些突破傳統，企圖改變既有印象，顛覆味蕾的創新菜單與口味出現，如原是用來增添風味或作為沾醬用的芥末，一躍變身成為冰淇淋主體，而引起不少討論話題。

▲打破正規人體比例的雕塑表現

　　相較於其他形式原理，比例是影響一件作品成敗的重要關鍵，正如餐飲中酸、甜、苦、辣口味的配比或分量的拿捏，但卻往往也是學習過程中較為難以領悟的部分，由於個人的感受力或敏銳度的不同，因此對比例的掌握程度也就各有差異。同學平時若能多加觀察、練習，那麼在實務應用時，便能駕輕就熟、掌控自如。

▲色彩與面積比例皆恰到好處的美食佳餚

(四)平衡（Balance）

又稱「均衡」，本指物理學上支點兩邊的重量達到均等，或是力學上與重量發生的關係。將其應用在造形上，則是指畫面因形態、色彩、大小或質感等元素所產成的重量感，經過編排調整後，所取得的平衡效果；亦即把兩種以上的構成要素，予以互相均勻的配列，以達到安定的狀態。

一般而言，平衡可分為對稱（Symmetry）與不對稱（Unsymmetry）兩種不同形態。對稱的平衡，是指畫面中心點的兩邊或四周的樣式相同，感覺分量相等所產生的均衡狀態，屬於實質的平衡。以人體來說，以鼻梁為中軸線，眼睛、耳朵、手、腳都是左右對稱生長，又如自然界中飛舞的蝴蝶、昆蟲，或綻放的花朵、綠葉等，處處皆可見對稱的組織形式。對稱的基本條件必須是偶數的、對生的、有規律的，因此，容易獲致平衡，而給人嚴肅、靜謐、安穩的感覺，所以在人造物中，也常將之應用到建築或器皿上，以強調安定、穩固感。

另外一種非對稱的平衡，並無上下或左右相同的形態，甚至是相互對立存在的元素，透過安排，卻也能達到完整統一而安定的狀態，屬於感覺上的平衡。比如繪畫作品中的形色各有不同，但整體表現感覺卻是均衡的。這種平衡不若對稱平衡的機械化，需要多加練習，才能達到動態的平衡、多樣的統一，使觀賞者領會動中有靜、靜中有動的樂趣。

▲運用對稱而達構圖平衡成的廚藝創作

(五)調和（Harmony）

當兩種構成要素同時存在時，若彼此性質相差甚遠或過於強烈時，便會產生對比的現象；但若兩者間能取得平衡、達到中庸而互不排斥時，即是達到調和的狀態。調和又稱「和諧」，與韻律一樣，原本都是屬於音樂上的專門用語，應用在造形上，指的就是把兩種以上的要素配置在一起，彼此間雖有些微差異，但仍能相互融和，具有秩序、統一與協調的優點。

無論以類似的要素或對比的要素配置，只要給人以融洽又愉悅的感覺，即是調和的形式。因此，為了達到調和，要素間的統一性便顯得非常重要，例如：色彩上的調和，即可將鄰近色或對比色的色彩，統一加上相同明度的無彩色（黑、灰、白）進行混合，色相間由於存有共同要素的關係，便可形成一致的色調（Tone），獲得調和的狀態。又如造形上，可能因線條粗細或形狀不同，但只要在材質上取得一致，同樣也能產生調和感。日常生活中，庭園造景的花卉、植栽設計，或是餐廳裝潢的壁紙、燈光設計等，也都是調和形式的應用。再者，在中國人的廚房裡，講究的是五味俱全，某種單一口味的味道很難獨自呈現，所以，總有各種不同的調味品，用來引領食材進入美味的境界，而五味最佳的存在方式即是平衡與調和，由此顯見，調和亦已成為歷代廚師們不斷努力追求的完美狀態。

以調和完成的作品，往往帶有平靜、祥和的氛圍，並富有女性的柔和、雅緻的美感，容易引發共鳴，獲得大眾的認同。然而，一般人論及調和時，亦容易將其與呆板、欠缺變化劃上等號，但其實調和乃是在變化中追求統一，因此，調和通常又和前述的比例、韻律、平衡等幾個形式原理具有密切的關聯，因為當構成要素間的比例和諧時，才能達到調和；構成要素若過於類似時，則會因為反覆，而產生統一的韻律美。當然，對比或平衡，也均因在某些層面上具有某種共通性，而以調和作為最高指導原則。

一件美好的事物，總是由數個不同的形式原理所共構而成，正如德

▲畫面調和的廚藝創作品

國實驗美學家費希納（G. T. Fechner）所云：「造形為了給予觀者舒適感，必須具有多樣的統一性（Unity of Multiplicity）。」本節介紹的五個美的形式原理，有學者將部分形式原理，從中獨立出來進行擴充，而予以單獨探討，如韻律中的反覆與漸變，或是平衡中的對稱。作者因認為上述舉例的各形式，彼此間仍具有共通性的關聯作用，因而將之歸納其中介紹說明，以期協助讀者能獲得較佳的整體性概念。

二、美不能以規矩求之

　　本節所介紹的各種形式原理，雖可作為追求美或檢視美的要件，但是卻不能刻板地盲目遵循，畢竟造形或藝術創作，並非是一種機械性的僵化行為，套入既定公式就能輸出完美結果，更多的是需要仰賴人的理性判斷與感性直覺，否則，即使精確地符合了前述各項形式原理，但在看似完美的同時，卻又顯得冷漠生硬，而缺少了一份韻味生氣，無法產生感人的溫暖力量。

　　人類學大師李維‧史陀（Claude Lévi-Strauss）曾經說道：「食物不只是食物，而是值得探索之物（Food is good to think with）。」因此，廚藝之美，應在於以食材為經、烹調為緯；以口味為主、視覺為輔，進而串

連起人與事、生活與文化、記憶與情感，還有懷舊模仿到混搭創新的永恆歷史。表面上看似是火與水的藝術，但實際上，卻是更為深層的人與時間、人與空間、時間與空間三者間，所交織醞釀的真實風味與多元富麗之美。

　　美的形式的產生，雖非偶然，但也非刻意造成的，而是順應自然法則所建構形成的。在認識了美的形式原理後，更應由現有的固定形式中，去創造更富新意的風格式樣。畢竟無論哪一種形式法則，說穿了，都只不過是一種基本知識，絕不能將自己束縛在一張既定的清單上，作品終究不能還原於公式，而是必須懷著未知與理解，在不斷嘗試中尋求轉化的機會與靈感。

▲綜合各種美的形式原理於畫面的海報設計

參考資料

1.林書堯（1978）。《色彩學》，頁139。台北市：三民書局。

2.塚田敢（1983）。《色彩的美學》，頁115-116、217-218。台北市：紀伊國屋書店。

Chapter
03

餐飲與廚房
衛生安全

石名貴

　　我國外食人口急遽增加，造就餐飲業的蓬勃發展，各式餐飲經營型態應運而生。然而，近年來餐飲供餐模式多元化經營，尤其是供應集體、餐飲產品類型多樣之餐飲業，觀其自主管理、廚房環境、設施衛生等條件，以及從業人員、食材供應、製程模式之管制，每每因為缺乏操作觀念與管理制度，致讓食物中毒事件和食安問題屢屢上報。

　　廚房是餐飲服務業食物製備與供應的作業中心，其人員衛生管理、物料安全管理、廚房規劃設計等皆與食品安全的危害與管制息息相關，而且密不可分。食品品質的最低標準就是安全，沒有了安全，一切廚藝上的成就與價值就都不具有意義。換言之，餐飲商品的衛生與安全就是餐飲服務業的基本要求。因此，現今廚藝工作者不僅在烹調技術上必須精進外，更要能瞭解餐飲法規的內容與精神以及掌握食物製備的衛生與安全。本章將以人員的衛生管理、物料的衛生安全管理以及環境設備的規劃與安全作為主題，介紹廚房安全衛生管理的基本概念。

第一節　人員衛生管理

　　從國內外有關食物衛生安全的事件中，約有六成以上的原因來自於人員本身所造成，直接與食物接觸的廚務人員，是影響食物安全品質的關鍵之一，所以廚務人員良好的衛生管理、認知、態度與行為，將是餐飲安全的保證。人員的衛生管理可以分為健康管理、衛生習慣和衛生教育三部分：

一、健康管理

1.餐飲從業人員在進入一個新機構時都應該提出健康檢查合格證明，而機構負責人必須每年定期為所屬員工進行健康檢查，或補助員工進行健康檢查，以確保製備過程中，無傳染病原汙染食品的機會（如傷寒、赤痢、A型肝炎），這是彼此的責任和義務。

2.餐飲工作人員應注意自身的健康，若有不適或意外感染事件，絕不可忌諱隱瞞，需要請休就醫時，應停止工作，勿再逞強，一來保護公司人力資產，二來可減少人為汙染食物，造成消費者傷害。機構負責人應給予罹病的員工休假。

3.廚師應藉適當的運動、健康的休閒活動，來提升體能，延續工作能量。有些國外大廚身形過於肥胖，疏於管理自己的體重和飲食，並非良好的典範。

二、衛生習慣

1.個人衛生習慣：廚師應經常洗滌雙手、身體，保持清爽的身體，予人清新潔淨的印象。廚房應設置消毒洗手設備，以便隨時進行洗手動作，尤其是在處理冷菜時，須配戴手套。手上若有膿瘡、傷口，則不可徒手工作，應嚴禁直接接觸食物。常有因忽略手部的衛生而導致食物中毒事件，故不可大意。

2.去除不良習性：抽菸、喝酒、嚼檳榔對餐飲人員，尤其廚師而言，是絕對負面的習慣。抽菸、嚼檳榔對廚師最重要的味、嗅覺感官有嚴重的影響，一個廚師若無法敏銳辨識調味，如何能製作、創新美食給消費者；至於喝酒，淺酌謂之品，暢飲視之酗，品與酗之間，評價如天壤之別，應該學習控制它，而非為其所支配，是每一個廚師應努力做到的。

3.服裝儀容儀態的要求：乾淨的服裝儀容帶給人良好的第一印象，也是專業表現的一環。

(1)著工作指定服裝，制服應經常換洗、

▲抽菸、喝酒、嚼檳榔是餐飲從業人員應避免的習慣

▲餐飲從業人員必須保持整齊的服裝儀容

整燙，去除食物烹調雜味。但也要避免工作時噴灑香水遮飾味道。

(2)經常修剪頭髮、指甲，男性不蓄留鬍髮，若一定要蓄髮，則應天天清洗、梳理、綁成髮束，甚至須戴髮帽，以防止髮絲掉入食物中，女性人員亦然。

(3)手上勿配戴飾物，以免藏汙納垢，或不小心脫落，造成危險。

三、衛生教育

應經常充實衛生安全知識，修正不當行為，強化從業人員的衛生行為、習慣及食品安全知識。其內容應包括：(1)衛生管理體系、法規；(2)食品中毒的種類及原因；(3)如何防止食品劣變；(4)個人衛生；(5)環境衛生；(6)即時食品衛生安全資訊。

第二節　物料的衛生安全管理

　　危害物料衛生安全的因素主要有：(1)生物性危害，如微生物、病毒；(2)化學性危害，如天然化學毒素、人工合成物質；(3)物理性危害，如環境掉落物或食物處理不當所產生異物；(4)其他類危害。

　　一般而言，生物性危害（以細菌為例）之預防措施為：(1)溫度、時間管理，例如加熱、烹煮／冷藏、冷凍；(2)pH調整／添加鹽類或防腐劑等／乾燥／真空包裝；(3)來源管制／清潔消毒。化學性危害之預防措施為：(1)來源管制；(2)製程管制；(3)標示管理。物理性危害之預防措施為：(1)來源管制；(2)製程管制；(3)環境管理。若對這些因素有所瞭解，並確實防範之，則食品的安全性才有保障。

一、生物性危害的認識與防範

(一)細菌

　　環境中存在各式各樣的細菌，有些好的細菌可應用在食物的化學反應上，產生一些好的食材，如乳酸菌製成優格或發酵物；醋酸菌製造食用醋或酵素。但絕大部分的細菌對人類是具威脅性的。

　　溫度和時間是影響食物中細菌生長的重要因子，一般引發食物中毒的病原菌在5～60℃（41～140℉）可以生長得很好，在適當的其他條件配合下，經過一段時間的分裂增殖足以毒害人體的菌數，便造成了食物中毒事件。常見的細菌性中毒如葡萄球菌、沙門氏菌、腸炎弧菌等，各存在於麵包、蛋及海鮮類中。

(二)病毒

　　病毒是以食物、水作為載體（Carrier），進入到人體內引發食物中毒，常見的病毒汙染，如A型肝炎、輪狀病毒腸胃炎。其傳播方式包括由食物傳染給另一個食物、人體傳染給食物或由汙染的水傳染給食物，所以

▲在廚房工作時若不小心受傷，要先將傷口處理包紮好，傷口包紮完成後必須戴上手套才能
　碰觸食物

要防範病毒引起的中毒事件，其首重製作人員需有良好的衛生習慣（勤洗
手），盡量減少經手所引起的交叉汙染，另外需定期肝炎檢查，注意食物
的熟度，生鮮食用食品須注意水源衛生（冷食、鮮食的食物應用冷開水做
最後處理，所使用的冰塊，用水來源亦應瞭解）。

(三)黴菌

　　黴菌屬於真菌類的一種，其對食品的影響有正反兩面，好的黴菌可
用於製作醬油、蛋糕（藍黴乳酪），但不好的影響卻也常見於澱粉類製品
上，如發霉的麵包、蛋糕，甚至廚房設備器具上，這都是由於空氣不夠清
淨、環境潮濕所致，黴菌分泌的黴菌毒素作用在植物或動物體內，而造成

▲藍黴乳酪

▲發霉的麵包

損傷及中毒，例如玉米、花生中的黃麴毒素（Aflatoxin）對人體容易造成肝傷害（傅安弘，2004）。預防的措施首重於清除黴菌的來源，因此須保持環境乾燥，針對於此所採用的方法如下：

1. 製備場所應力求乾燥、潔淨。
2. 未用完的食材或菜餚應包覆完整並貯存於冰箱中，或真空包裝以抑制黴菌生長。
3. 避免庫存過多的材料，掌握「先進先出」原則（First In First Out），確實標示日期，避免交叉汙染。罐裝醬料開封後，要放置冰箱冷藏，並要注意包裝上的使用說明，尤其是黏稠性的醬料（如番茄醬、義大利肉醬、含有澱粉添加物之類），最好能放在玻璃或不鏽鋼容器中，封蓋保存。

(四)寄生蟲

　　早期台灣的衛生條件不佳，寄生蟲寄生於人體，緩慢地對宿主造成重大的傷害事件時有所聞，但隨著環境的改變，經濟及教育水平提高，人們衛生觀念和行動提升，寄生蟲的危害確實降低不少，可是食者對生食的喜好（如生魚片）或自然食法的鼓吹者日益增多，製作人員若無法掌握食材來源的安全性，及在操作過程中嚴格的衛生要求，寄生蟲所造成的影響在日後終會集體大量爆發，不得不防。

▲生魚片是許多饕客最愛的美食之一

常存於各類食材中的寄生蟲有以下幾種：

◆肉品中的旋毛蟲、條蟲

預防之道在於飼養的場所要維持清潔衛生，飼料的來源應衛生安全；肉品保存於-18℃冷凍庫中十五天左右，或-35℃以下冷凍超過十五小時，才能提供生食，因為這樣的冷凍條件下已經能殺死大部分的寄生蟲，可使蟲體致死；肉品物必煮熟後再食用，而中心溫度不宜低於65℃。

至於牛肉的處理，因為消費者多半愛吃不全熟的牛肉，甚至有三分熟，血水淋漓的狀態，使得牛肉條蟲遍及全球。預防之道當然是確定安全的飼養區，其次嚴格檢查牛肉中是否有幼蟲存在，台灣牛肉消費量日益增多（尤其受到年輕族群喜愛），多由紐澳或美加進入，雖然進口國家有不錯的信譽保證，但慎選供應地、商家亦是必要的，本地進口商必須特別注意。製備人員可以將牛肉冷凍於-18℃以下，當然最安全的做法是將牛肉煮熟後再吃。

◆蔬果中的寄生蟲

蛔蟲、蟯蟲是大家耳熟能詳的寄生蟲，餐飲製備人員透過勤洗手、不要用髒的手操作、常修剪指甲等這些動作降低感染。其次蔬菜的處理，最好還是充分煮熟再食用，若要製作生菜，則務必要洗淨，審慎查看是否有潛伏的蟲卵、蟲體。

◆魚貝類的寄生蟲

中華肝吸蟲、肺吸蟲分布的地區甚廣，日本、韓國、大陸、本地均有，借吸盤寄生在人體肝、肺部位吸取營養，因國人喜食生魚片、鹽漬水產品，每年皆有傷害事件發生，避免的方法是勿生食魚、蟹、螺、貝類水產品，充分煮熟後再食用，但若礙於習性難遷，則要特別著眼食材出產水域的安全衛生、養殖密度、飼養過程，以確保食材的安全性；其次處理過程中，操作人員的衛生、環境的清潔都要嚴格地要求。中華料理中的嗆蟹、醉蟹或漬螺，都是味鮮的佳餚，但風險確實頗高。

二、天然化學毒素的認識與防範

天然化學毒素是指自然存在於動植物、真菌類中或其分泌的毒素，常見的有下列幾種：

(一)食物過敏性

食物過敏（Food Allergens）可分為免疫性和非免疫性的過敏：

1. 免疫性的過敏是食用外來蛋白質類的食物，刺發體內產生免疫球蛋白抗體，肥大細胞被活化，釋放出組織胺，而產生過敏。
2. 非免疫性的過敏則為某些食物中的特殊成分通過胃酸或熱力的考驗，活性仍未除，而造成食者過敏，如花生醬、奶粉。針對於此，製備人員要留意花生醬的食用期限、保存過程，若菜餚中大量使用時，則應由外場人員提醒客人。

(二)河豚毒素

河豚毒素（Tetrodotoxin）屬於神經毒素，主要存在於河豚的卵、卵巢、肝臟、皮膚及血液，毒性不易被破壞。吃河豚是日本人極高的食趣，河豚的處理也是廚師技藝精湛的指標，所以在日本對河豚處理有相當高的要求。此外，也不要吃不明來路或無法辨識品種的魚鮮、螺貝。

▲日本人極愛吃河豚，但必須是通過考試取得資格的廚師才能處理河豚

(三)鯖魚毒素

烹調上最常運用的魚鮮食材,例如旗魚、秋刀魚、鰹魚、沙丁魚、鮪魚、鯖魚,都有可能產生鯖魚毒素(Scombrotoxin),因為這些魚類為遠洋魚種,在漫長的貯存運送過程中,當貯存上有疏失時即可能使魚肉中的組胺酸經脫羧基作用產生組織胺,超過200ppm即為腐敗現象,超過1000ppm即會引起中毒了!

對於此毒素的預防方法,應以-18℃以下冷凍或-4℃以下的冷藏溫度適時保存,亦要避免重複的冷凍或冷藏步驟,以保鮮度。製作人員在烹調前應在解凍室解凍,或以低溫流水解凍,勿長時間在室溫或溫度過高的水中解凍,解凍後儘快處理內臟及廢棄不用之物,再洗淨、切割、加熱烹調,由於組織胺為耐熱的物質,所以烹調前維持魚體的鮮度是避免中毒的重要步驟。

(四)植物性毒素

植物性毒素主要有茄屬生物鹼(Solanum Alkaloid)、蕈類毒素(Mushroomtoxin)及黴菌毒素(黴菌毒素前已提及,不在此贅述)。

◆茄屬生物鹼

主要在發芽的馬鈴薯上,其成分稱為茄靈,人體的承受量約為20mg,但綠色的芽眼有的接近100mg,馬鈴薯皮亦有微量,所以烹調時應該要去除掉。

◆蕈類毒素

菇類屬於蕈類的一種,也是普遍使用的食材,近期因素食人口的激增,本地除了常用的香菇、杏鮑菇、金針菇,又開發了不少食用菇類(如鴻禧菇、松茸菇),如果使用的是一些已經常用或驗證無毒的蕈類,便無太大憂慮,對於顏色鮮豔或來路不明的野菇,則要避免之,因為這毒素毒性極強,嚴重者在短時間內便可致死。

三、人工合成物質的認識與防範

　　人工合成的物質乃人為因素所致，為特定的功用而添加於食品或動植物食材中，當人們對飲食的要求越來越多變、越來越奇特，廠商為了賺取利益，開發更精緻濃縮的合成食材或調味料，人工合成的物質運用就會越來越複雜、越順理成章，但後果是這些化學合成的物質對人體是永遠無法完全排除的負擔，無知的嗜用者，直至因此而中毒身亡，還是不會明白為何美食之追求一定要如此痛苦。

▲市面上有許多的合成食品

(一)食品添加物

　　在我國衛生法規中所定義的食品添加物，係指食品之製造、加工、調配、包裝、運送、貯藏等過程中，用以著色、調味、防腐、漂白、乳化、增加香味、安定品質、促進發酵、增加稠度、營養、防止氧化或其他用途而添加或接觸於食品之物質。食品添加物的使用乃由於食品工業的興起、加工食品的大量需求，在法規上有一定的使用標準與限制，其使用應符合「食品添加物使用範圍及用量標準」之規定。

　　早期在烹調用途上最常聽說的是，肉品中加入嫩精以軟化肉質；使用食品色素以美化菜餚的顏色，使之誘人。但近期因消費者對美食的要求越來越高，以至於在整個食物供應鏈上都有不正常的發展與改變，常有耳聞的如以大量的過氧化氫漂白魚翅、干貝、麵條，使顏色變白：以硫化物煙燻金針，使顏色由正常的暗褐色，改變成漂亮的金黃色；蝦子、蝦仁以磷酸鹽泡製，使其口感變得奇脆無比；貝殼類以鹽酸洗去深暗的外殼顏色，使之變得較為潔白等。許多匪夷所思的加工手法，均已應用在原本可以自然健康面貌呈現的原始材料，如黑心食用油、順丁烯二酸加入澱粉和塑化劑等造成國家聲譽毀壞，這是消費者與製備者的無知呢？還是利益薰

▲乾燥金針是否使用了二氧化硫漂白，可由顏色明顯分辨出來

心，拿消費者的健康牟利？

預防之道為：

1. 唯有供應貨物廠商本著良知，嚴守第一關卡，勿進用來路不明或價格過於低廉的食材。

2. 餐飲業者或製備人員要有勇氣拒絕這些異於自然的材料，且在製作過程中也應嚴守製作安全食物的職業良知，勿一昧地求新求變求奇，滿足了消費者喜新嚐異的慾望，卻剝奪了消費者的健康。

3. 消費者應不斷透過學習和教育，提升自我的食品安全知識。

(二)農藥及藥物

台灣氣候溫暖潮濕，導致病蟲害比例較高，為減少病蟲害或調節作物生長，農民會使用農藥來達成目的，如果大家能按照用藥規定，控制安全濃度和施藥時間，便無太多問題；但農政單位與農民間一直無法做有效的規劃種植，土地全年無休的栽種，尤其是颱風過後的搶收搶種，靠的就是大量的農藥、生長劑；另外，近距期採收，讓許多藥物化為植株內部的一部分，隨著進食，送進了消費者的嘴裡、身體裡，有報導指出，進食餐廳中的生菜沙拉導致食物中毒事件，檢驗後的結果居然是農藥過量所致。

除了蔬菜，其他魚肉品的安全性亦值得我們警覺思量，高密度的養殖業，須借助大量的抗生素、生長激素及磺胺劑，以保物體的順利成長，但過多的藥物會殘留在人體中，對肝、腎都是一大負擔，消費者若能在要求美食的同時，也多一份對食品衛生安全的堅持，或許可以促使餐廳業者選擇優良的農產品、有認證的廠商進貨，進而迫使供應的商家能夠注意其材料、貨物的安全性，包括合於季節的種

▲為了防治病蟲害而噴灑農藥，但一不小心便會產生農藥殘留的問題

植、採收，合於衛生安全的養殖環境，及其他中介過程中的衛生安全要求。政府單位也應從農藥進口與國內生產處嚴格管控掌握，才能不讓大量的化學物質進入國人食物供應鏈中。

(三)重金屬

不只是台灣河川嚴重的汙染問題，地球上海洋生物多數已籠罩在垃圾汙染、重金屬汙染的陰影下，曾有報導一條死亡的大鯨豚，死因竟然是吞進過多的塑膠袋；還有一些大型魚類（如鮪魚）頻頻被檢驗出重金屬過量，上述情形亟需全球的人們共同努力減低汙染。另外，重金屬中毒事件亦可能發生在製作人員欠缺正確的操作，通常在裝用的容器上，應要求為不鏽鋼或安全的玻璃容器，尤其是裝酸性物質時；罐頭打開後，未用完的部分應移至適當容器封存，以免罐頭氧化生鏽，造成危害。

四、物理性危害

一般物理性危害如異物、蟲體、毛髮、金屬、玻璃、木屑、細石、塑膠等。不論是原物料或環境中產生之異物危害，皆有可能造成食物安全上的風險。例如蔬菜中夾雜的碎石粒可能造成牙齒斷裂、誤食魚體內的魚鉤可能造成食道傷害，其餘如製程中遺留的牙籤、清洗時斷裂的鋼絲絨、

碎裂的骨頭等。因此進行原物料採購時便要慎選供應商，或者採購具有安全認證的商品。物理性異物可能來自設備器具、人員或環境之異物。簡言之，原物料做前處理時要充分清洗與檢查，切勿為了省事而忽略物理性危害。

管理上應採取有效措施以防止金屬或其他外來雜物混入食品中，預防的方法如下：

1. 原料、調味料與成品均需有適當的覆蓋或包裝，以防止異物或滴落物侵入。

2. 定期更換鐵刷、菜瓜布，以防止食物內夾雜金屬物質。清洗設備時，須注意鐵刷之完整性，若有不堪使用，易產生鐵絲掉落時，便須立即拋棄不可使用。

3. 新鮮菜類及水果須以大量清水沖洗，避免蔬果殘留砂土農藥。

▲蔬菜必須要用大量清水清洗

4. 原料有夾雜物之虞者須慎選其供應商，或加以特別挑揀，以降低或防止異物夾雜其中。

5. 有破損之器皿應盡量避免使用，以防止人員受傷或微生物等異物的滋生汙染食物。

6. 管路及照明設備須以天花板隔離，照明應有燈罩保護，以避免其上方之異物掉落汙染食物。

7. 配膳場所已製備之菜餚須放置架上，並須做好防塵、防汙染措施。

五、其他類危害

　　國際化的社會，餐飲風潮趨向國際融合，材料的取得也必然具國際性，近幾年來，國際間幾起轟動的食品安全衛生事件，值得我們注意，如美國狂牛症和瘦肉精問題、東南亞禽流感、日本輻射食品、越南有毒茶葉；台灣也有層出不窮的負面食安事件喧騰國際，如塑化劑、黑心食用油、過期食品、農藥過量等等危害國人健康的食安事件。

　　其實政府都有一套規範的準則與法條，但若人們不以良知自覺自制，過度消耗大自然的資源，或想以人為科技改變自然食物鏈，則再多的規範及口號也無法遏止飲食環境迅速惡化的結果。

第三節　環境設備的規劃與安全

　　理想的廚房規劃設計應合乎清潔衛生、作業效率、經濟效益與安全舒適等四大原則。廚房衛生是整個餐飲衛生最重要的一環，其衛生管理重點可分三大類：(1)廚房設備設施管理；(2)設備與器具管理；(3)廢棄物與病媒管制。建立合理衛生管理制度，並落實日常衛生監控與人事教育訓練，將有助於廚房衛生管理目標之達成，確保大眾餐飲之衛生安全。

一、廚房動線的規劃

　　廚房整體的衛生設計必須能依據不同作業內容與清潔程度需求，訂定清潔度區分與動線流向。一般廚房依作業程序先後可概分為七個作業類別（**表3-1**）。在進貨與驗收區、食材初步處理區、冷凍冷藏與乾料區、食材前製備區等所處理的食物由於未經加熱處理，可能含有病原菌的存在，這些區域稱為汙染區，意即食品GMP所定義的一般作業區；而烹調及熟食處理區、備餐出菜區等所處理的半生未熟品、熟食或即食成品則是經過加熱或有效殺菌處理，並且已經要供應給消費者食用，故不允許有任

何病原菌的汙染，這些區域稱為清潔區，也可統稱為管制作業區。因此在衛生管理上，食物的製作流程需依此區分由低清潔度移向高清潔度，並利用箭頭的方式把食物的製作流程規劃出來，以避免交叉汙染並提高工作效率。

表3-1　廚房作業區域與流程動線之相關位置

作業類別	作業內容與相關位置	
進貨與驗收區	在指定區域卸貨、拆除外包裝。再依據驗收標準進行驗收，填寫驗收紀錄。通常與車道相連，設置有卸貨平臺便利推車使用與貨物搬貨。常常與食材初步處理區及冷凍冷藏區相鄰，減少不必要之搬運與損失。	汙染區（一般作業區）
食材初步處理區	泛指烹調前或生食供應前的準備工作，例如去皮、清洗、篩選或去除雜質之食品原材料。此步驟大多在室溫進行（危險溫度帶），也容易與汙染源接觸，必須小心。通常與進貨區及冷凍冷藏區相鄰。	汙染區（一般作業區）
冷凍冷藏與乾料區	依據原物料貯存性質與特性分別入庫存放，發貨領料時以先進先出為原則。任何原物料貯存區域都需要做溫度管制，乾料區加做濕度管制（28℃以下、相對濕度60%以下）。通常與前處理區及前製備區相鄰，便於作業。	汙染區（一般作業區）
食材前製備區	在衛生清潔分區上，本區屬於一般作業區，其作業區域應與準清潔區（管制區）有明顯的區隔。此區域應界於貯存區與廚房之間，動線宜短、流暢，作業區域範圍與員工宜集中，增加效率也便於管理。	汙染區（一般作業區）
烹調及熟食處理區	烹調過的食材產生許多物理、化學變化而成為菜餚。有利於食物在營養、品評與安全的需求。需注意前烹調及熟食處理區的有效區隔。此區域應與食材前製備區及備餐出菜區相連，利於成品傳遞與運送作業。	清潔區
備餐出菜區	介於熟食區與餐廳之間，餐廳及廚房出入口應設置自動門、空氣簾或塑膠簾。	清潔區
餐具洗滌區	回收、集中處理使用過的餐具及器皿，必須與其他作業區域明顯區隔。在作業動線上，應與食材初步處理區、食材前製備區及餐具回收區相通，且有垃圾存置及運送之出口。	一般作業區

二、廚房空間與設施的規劃

　　廚房空間的規劃與菜單內容、設備器具、人員活動及廚房形狀等有關，一個舒適、有效率的廚房對人員工作與衛生管理有很大的幫助。依據交通部觀光局所訂的廚房面積約為供餐場所面積的1/3較為合理。在設施規劃方面，應考慮下列幾點：

(一)出入口

　　出入口應有防止飛塵、病媒以及不良氣味進入廚房之功能。作業人員常因忙碌或疏失忘記隨手關門，因此在設計上可以加裝可回彈之門弓、空氣簾、紅外線感應門或塑膠簾等。

(二)溫度、濕度

　　廚房內的溫度應隨著季節不同而有所變動，一般而言，廚房冷暖器出口溫度大約在16～18℃之間，理想的空間溫度應在20～25℃左右。在廚房感覺最舒適的濕度，約在相對濕度50～60%之間。

(三)換氣

　　廚房在未工作時，空氣較乾淨，但隨著蒸煮炒炸等加熱處理，空氣便有所變化，此時須注意廚房內的換氣問題，每平方公尺每小時換氣量應在60～90立方公尺之間，二氧化碳的濃度應控制在0.15%以下。排油煙機效能應依廚房空間需求做調整，適當的表面吸氣率約在0.25～0.5公尺／秒，而捕風量約為抽風量的80～85%。

(四)照明設施

　　依規定廚房一般作業照明至少應在100米燭光以上，但調理檯面與工作檯面應在200米燭光以上。食物處理正上方的燈具應加裝燈罩，避免食物受到汙染。

(五)洗手及乾手設施

在廚房入口應設置洗手檯、清潔劑、擦手紙巾及乾手設施，必要時可提供75%酒精做手部消毒，並於明顯處張貼洗手貼圖與如廁後應洗手等標示警語。

▲在廚房入口應設有洗手檯

(六)其他相關配合廚房設計

廚房盡量不要設計在地下室，因為不能自然通風、空氣差，高度不應低於3公尺，以便有良好的採光和通風。

1. 地板：應採無毒、耐熱、堅硬不透水、耐磨不光滑的地磚，且要有適當的排水斜度。
2. 排水溝：應具有防鼠或其他動物進入的設施，水溝底部要有適當的弧度及斜度，容易清洗的材質，溝板須有防鏽止滑的功能。
3. 牆壁、天花板：應採用淡白色，天花板須密閉、防水、減少油脂水分吸附的材質。壁面與地面宜有圓弧角5公分左右，以利清洗。
4. 門窗與換氣口：凡有開放的地方，應設置防鼠、防蟲侵入的設施，自動開關門、空氣簾或防蠅簾。
5. 盥洗設備：應設有完備的更衣空間、盥洗如廁設備，此外，若能仿照食品加工廠房或團膳盒餐公司的規定，進入製備場所前有消毒洗手的設備和衣物消毒程序，則更能確保食物的衛生安全。

三、設備清潔與消毒

清潔（cleaning）與消毒（sanitizing）是維護製備場所衛生安全的重要例行事務。

清潔是環境衛生安全要求中第一個必要的動作，將環境中所有可見的髒汙去除，恢復一個感覺較清淨的空間，但這只是表面上可看到的情

形，而有許多的細菌或汙染源是肉眼看不見，也非簡單的清洗便可去除，所以下一個消毒的動作是非常必要的。

消毒是指在不危害人體健康、影響食品安全的原則下，運用合於檢驗要求的化學藥劑或物理方法，達到減低微生物的毒性危害。茲將清潔和消毒過程中重要的事項予以提出，以為提醒。

(一)清潔劑的運用

清潔的過程中還是需要借助有功能性的清潔劑，才能容易地達到去汙的效果，且不同的髒汙所用的清潔劑亦有所不同。

◆肥皂

最常用的清潔用品，多半用來洗滌手部，現在多半改為肥皂液，可避免前後使用者交互汙染的情形。

◆酸、鹼性清潔劑

常用的酸性清潔劑是鹽酸，有強大的腐蝕性及衝味，可做特定用途（如清潔廁所），一般不建議使用於食品製作場合；常用的鹼性清潔劑是氫氧化鈉（NaOH）和碳

▲用洗手乳洗手，依正確流程將手澈底洗乾淨

酸鈉（Na_2CO_3），一為強鹼性，另一為弱鹼性，宜選用腐蝕性較弱的清潔劑。

◆具有腐蝕作用的清潔劑或去油劑

有些調配用於清除陳年汙垢、鐵鏽的清潔劑，會加入具有磨石效果的粒子，使汙垢較易刮除，須注意不可用來洗滌餐具，且使用後要確實清洗乾淨；另有一些含表面活性劑成分的去油劑，通常以氣態或液態存在，主要清除厚積的汙垢。

以上幾種清潔劑的使用須注意濃度及部分水溫，須依其特性調配使用才能發揮功效。

(二)消毒

消毒的方式可分為物理和化學方法兩類：

◆物理方法

1.加熱消毒法：包括沸水、蒸氣、熱水、乾熱法或日光照射等方式，可滅絕大部分的微生物。濕熱法比乾熱法效果好，在我國餐飲業良好作業規範中規定要用80℃以上的熱水消毒2分鐘以上，始有成效（表3-2）。

2.紫外線消毒法：照射波長210～296mm的紫外線殺菌燈，可將大面積的物體表面殺菌及空氣消毒。

以上兩種方式安全性較佳，操作使用簡易，費用也較低廉。

表3-2　有效殺菌方法

方法	溫度、介質	餐具	毛巾、抹布等
煮沸殺菌法	100℃之沸水	煮沸1分鐘以上	煮沸5分鐘以上
蒸氣殺菌法	100℃之蒸氣	加熱2分鐘以上	加熱10分鐘以上
熱水殺菌法	80℃之熱水	加熱2分鐘以上	
氯液殺菌法	有效餘氯量200ppm以上	浸泡2分鐘以上	
乾熱殺菌法	110℃之乾熱	加熱30分鐘以上	

◆化學方法

化學藥物以浸泡、擦拭或噴灑等方式消毒設備或器具，常用的有氯液消毒劑和酒精消毒。

1.依我國規定，氯液殺菌法是以濃度200ppm的氯水浸泡餐具2分鐘以上，氯液在硬水中仍能發揮作用，但通常會殘存有氯消毒水的味道。

2.酒精揮發性強，殘留量低，濃度70～75%的殺菌效果最佳，可用於廚房環境消毒、人員雙手、食物表面等的殺菌。

四、廢棄物處理與病媒管制

(一)廢棄物處理

　　正確丟棄及存放垃圾與廢料，可避免食物和設備遭受汙染。廚餘垃圾是指不能再回收利用的廢棄食物；廢料則是固體垃圾，無法經由汙水排放系統處理。正確妥善的處理廢棄物，可以減低環境汙染與對病媒的引誘。廢棄物處理的重點：設置適當容器、分類集存管理、定期清除整理。

◆廢棄物處理應符合之規定

1. 廢棄物不得堆放於製造、調配、加工、貯存食品之作業場所內。廚房四周不得任意堆置廢棄物及容器，以防積存異物孳生病媒。
2. 廢棄物之處理，應依其特性，以適當容器分類集存，並予清除。放置場所不得有不良氣味或有害（毒）氣體溢出，並防止病媒之孳生及造成危害。
3. 反覆使用的容器在丟棄廢棄物後，應立即清洗清潔。處理廢棄物之機器設備於停止運轉時應立即清洗，以防止病媒孳生。

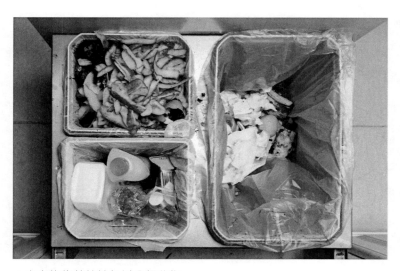

▲廢棄物依其特性加以分類收集

4.凡有直接危害人體及食品安全衛生之虞的化學藥品、放射性物質、有害微生物、腐敗物等廢棄物，應設專用貯存設施。

◆ **廢棄物管理做法**

1.廢棄物堆積場所應每日加以清洗並消毒。

2.清潔區使用腳踏式垃圾桶，其餘地區垃圾桶使用後務必加蓋，並每天清洗。

3.作業場所內每日所產生之垃圾與廢棄物須分類處理，並於廚房外設置資源回收區，由專人負責整理資源回收事宜。

(1)可回收：玻璃瓶、金屬罐、紙箱、保特瓶等。

(2)不可回收：塑膠袋、衛生筷等。

(3)其他：農產品廢棄物與廚餘，須於每日下班前清除完畢。

(二)病媒管制

蟲鼠害管制要點如下：

1.不供食物：作業區內食材應妥善密封保存，門窗、通道、排水孔、牆壁、天花板維持良好之蟲鼠阻絕功能，垃圾桶、廚餘桶應加蓋且每日清理消毒，廚房或食物調理場所不積油垢。

2.不供住所：將作業區內死角清除，環境保持清潔，垃圾勿堆積，隨時清理。

3.每日應檢查廚房與相關作業場所是否有病媒出沒痕跡，倉儲空間應妥善管理，少用麻布袋、紙袋。一旦發現蟲鼠害須立刻針對可能發生原因進行處理，或委託合格環保公司進行防治作業，採取更有效的防止措施。

4.人員出入作業場所或進貨時，皆需確認病媒防治設施（如紗窗門、空氣簾等）能正常使用。

結　語

　　飲食是帶給人們快樂和健康的行為，不應成為生病致命的媒介，廚藝人員製作美味的食物給他人，最重要的前提還是食物安全的保證，只有大家有要求食物衛生安全勝於一切的共識和具體行動，不斷強化追求食安的信念，消費者才能免於「食物中毒」的威脅！

參考資料

任志正（2001）。〈菜餚製備HACCP制度之介紹〉。餐飲服務業食品安全管制系統實務訓練班講義。新竹：食品工業發展研究所。

行政院衛生署（2003）。〈公告區食品相關法規：餐飲業食品安全管制系統先期輔導作業規範〉，取自http://food.dof.gov.tw/announce/laws/rule.htm。

胡淑慧（2003）。《團體膳食管理》，頁310-320。台北市：新文京。

陳元科（2000）。《餐飲業HACCP制度管理實務》。高雄市：國立高雄餐旅學院。

傅安弘（2004）。《餐飲業衛生與安全管理》，頁18-135。台北市：華杏。

楊昭景（2012）。《中華廚藝理論與實務》。台北市：華都。

Chapter

04

飲食營養概念

楊昭景

　　豐衣足食的社會，消費者在飲食上的取得越趨多元且容易，台灣目前外食的人口非常多，三餐不在家裡開伙的家庭也越來越多，同時我們卻也看到各種慢性疾病的發生年齡層降低的情況，再加上老齡化的社會已經形成，所以未來廚藝人員在設計和製作菜餚時，若不具營養計算搭配的能力，錯誤的飲食也可能導致食用者身體受到傷害而不自覺。本章中同時整理出東西方飲食營養的重要概念與理論，希望學習者日後在食材的選擇、菜單設計和烹調過程更能靈活運用，烹調出安心安全的餐食，也能讓客人吃出美味、快樂和健康！

第一節　西方飲食營養理論

　　傳統西方飲食營養的概念，將食物營養主要分為醣類、蛋白質、脂肪、維生素和礦物質，進一步告訴我們醣類、蛋白質、脂肪能提供熱量，而後兩者雖無提供熱量的功能，但卻是身體進行化學反應及功能正常運作的重要成分，茲將食物的營養素來源及其功能敘述之。

一、醣類

　　醣類又稱碳水化合物主要是由碳、氫、氧三種元素所組成，1克醣類攝取可產生4大卡的熱量，是提供人體活動所需能量的來源，占食物攝取能量來源的60～70%，同時也是調節蛋白質和脂肪新陳代謝的必需物質；醣類極易被人體消化、吸收和運用，即時提供身體熱能。多數人都認為大魚大肉才能提供足夠的營養，實際上人體主要的營養熱量來源還是以醣類熱量為首要。在經濟富庶的社會裡，消費者有更多元的選擇，但建議最好的醣類來源還是來自於全穀類和天然的水果，精緻化的白糖、高糖類的甜點都不是良好的來源。一般而言，在菜單設計上還是應以米飯或穀物所提供的熱量和糖分為主。攝取來源為全穀類、蜂蜜、糖蜜、水果、甘蔗、楓糖。

```
        ┌─── 單醣 ─ 葡萄糖、果糖、半乳糖
        │
        ├─── 雙醣 ─ 麥芽糖、蔗糖、乳糖
醣 ─────┤
        ├─── 寡醣
        │
        └─── 多醣 ─ 澱粉、肝醣、纖維質
```

▲含醣類的食物

二、蛋白質

　　蛋白質是構成人體肌肉、骨骼、皮膚、毛髮、血球、荷爾蒙、組織及維持活力的重要元素，此外也是人體12～15%熱量提供來源之一，一般蛋白質主要是由碳、氫、氧、氮、硫等元素所構成，1克的蛋白質可以提供4大卡熱量。蛋白質的基本單位是胺基酸（Amino Acid），又分為必需胺基酸和非必需胺基酸。必需胺基酸是人體無法自行製造合成的，必須從食物中攝取而得，多存在於動物性食物來源中，如肉類、魚類、蛋類、奶類。西方的飲食中非常注重動物性蛋白質的來源，但近半世紀來，國際上有更多的科學研究發現，黃豆類所含的蛋白質及其他營養成分可以提供人體更無傷害性的營養素，同時因為海洋資源的日益匱乏，動物培育的時

間及物質成本甚高，使得未來取得成本勢必增加，因此植物性的黃豆將會是未來飲食供應鏈的重要材料，此一趨勢，學習者應該要有所認知。蛋白質的需求在幾個特定的生命期更顯重要，如青少年成長期、懷孕期、傷病手術期，這些時期可能需要較多的蛋白質供應，否則以

▲富含蛋白質的食物

目前我們日常的飲食內容中，蛋白質的質量需求多已經能滿足一般人了。攝取來源為豆類、黃豆製品、肉類、蛋類、奶類、水產類、全穀類。

表4-1　胺基酸的分類

	必需胺基酸	非必需胺基酸
定義	人體無法合成或體內合成量不足，須由食物中獲得	人體內可以合成或轉換而成，不一定要由食物中取得
內容	組胺酸（Histidine） 異白胺酸（Isoleucine） 白胺酸（Leucine） 離胺酸（Lysine） 甲硫胺酸（Methionine） 苯丙胺酸（Phenylalanine） 酥胺酸（Threonine） 色胺酸（Tryptophan） 纈胺酸（Valine）	丙胺酸（Alanine） 精胺酸（Arginine） 天冬胺酸（Aspartic acid） 天冬醯胺酸（Asparagine） 半胱胺酸（Cysteine） 麩胺酸（Glutamic acid） 醯胺麩胺酸（Glutamine） 甘胺酸（Glycine） 脯胺酸（Proline） 絲胺酸（Serine） 酪胺酸（Tyrosine）

三、脂肪

　　1克脂肪可提供9大卡熱量，補充碳水化合物熱能不足時的支援。可保護內臟器官維持體溫，也幫助體內脂溶性維生素A、D、E、K的運輸及

作用。在食物上，脂肪的存在將增加食物的香氣與風味。脂肪酸是構成脂肪的主要部分，脂肪分為可見脂肪和不可見脂肪，前者如各類油品，不可見脂肪則存藏在食材中，如堅果、種子裡富含油脂卻不是一眼看到。所以廚藝人員在食材的選擇上要特別注意不可見脂肪的存在，提供適當的油脂給消費者。通常咖啡中的鮮奶油、食材過油或油炸、富含油花柔嫩的肉品或魚肉，都可能有過量的油脂存在，廚藝人員應給予消費者適切的建議和提醒。攝取來源為堅果、種子、動植物脂肪。另外，有兩種脂肪酸：亞

▲脂肪類食物

麻油酸和次亞麻油酸是身體不能自己製造的脂肪酸，只能從食物中攝取。脂質在烘焙產業上的運用非常廣泛，烘焙從業人員應更深入探索瞭解其內涵和變化，才能製作健康美味的產品。

四、維生素

維生素是人體各種生化活動時必需的微量有機物質，是維持身體正常發育和健康的必要物質，可分為脂溶性維生素和水溶性維生素兩大類。前者包括維生素A、D、E、K，後者有維生素B群（B_1、B_2、B_6、B_{12}）、維生素C、生物素和泛酸。人體需要近二十種的維生素，且絕大多數要依靠食物攝取而得，此外也有許多維生素可以透過人工合成製造，當成添加劑或營養強化劑，如維生素C錠為營養強化劑，維生素E常加在油品中當作抗氧化劑。

維生素	來源	功能
維生素A 	動物性肝臟組織、植物性胡蘿蔔素（紅黃色蔬菜）。	預防夜盲症，維持上皮組織黏多醣、黏蛋白合成，使上皮組織（眼睛、口腔、呼吸道）有更良好的防禦能力。
維生素D 	多照射陽光，亦可從魚肝油中獲取。	可增進鈣和磷的吸收，維生素D常與鈣一起合作，提升鈣質的吸收和利用，缺乏時會導致軟骨症、肢體畸形。
維生素E 	植物性油脂、全穀類、綠色蔬菜、奇異果。	是一種抗氧化劑，藉著自身氧化的過程去除體內部分環境的過氧化傷害，具有防癌、美容、抗老化的功用，也常用來添加在各種油品中，延緩油品酸敗。
維生素K 	綠色植物、海藻、豬肝、乳品。	主要是凝血酶不可缺少的元素。
維生素B_1 	全穀類、糙米、豆類、堅果、肝臟、蛋黃。	作為氧化反應的輔酶，有助於神經系統健康，防止動脈脂肪沉澱和腳氣病。

維生素	來源	功能
維生素B$_2$ 	全穀類、豆莢類、酵母、堅果、內臟。	缺乏時將使體內蛋白質的合成供應受到阻礙,可能引起組織代謝不正常和發炎現象。例如口腔潰爛、皮膚炎、眼睛怕光刺痛感。
維生素B$_6$ 	肉類、全穀類、魚、蔬菜。	在體內擔任輔酶的角色,是抗體生成、肝醣分解、不飽和脂肪酸生成等途徑的輔酶。亦有助於體內硫和鉀的平衡,促進神經和肌肉骨骼系統的正常功能。
維生素B$_{12}$ 	動物性食物、海藻、味噌。	可幫助腸胃道吸收,對骨髓生成和神經系統傳輸的影響大。
菸鹼酸 	奶類、肉類、魚類、酵母、穀類和綠色蔬菜。	以游離態或結合酵素蛋白質或磷酸鹽,參與體內釋能反應,可幫助蛋白質、脂肪、醣類的分解利用。
葉酸 	蔬菜、水果、肝腎、酵母、蛋奶肉類、穀類。	維生素B群之一,可耐熱和微酸條件,但不耐光。參與甲硫胺酸、膽鹼等分子合成,及紅血球生成作用。

維生素	來源	功能
維生素C	水果、蔬菜。	又稱為抗壞血酸，是膠原蛋白、血清張力素、正腎上腺素生成時的輔酶，亦可作為抗氧化劑，避免其他維生素受到破壞。
膽鹼	蛋黃、豆類、奶肉類。	形成乙烯膽鹼，為細胞膜的重要成分。

五、礦物質

　　人體礦物質的含量約占體重的4%，其中多數是鈣質，其次為氯、鎂、磷、鉀、鈉、硫；其餘為微量礦物質所需量極少，礦物質除了骨骼、牙齒及維持體內電解質平衡有極大相關外，還有許多影響身體及生命生存的功能。

礦物質	來源	功能
鈣 	牛奶、魚貝類、豆類、蛋類。	鈣是人體各種礦物質中含量最多的元素，絕大部分存在於骨骼、牙齒內，少數分布於血液、體液或其他組織。鈣在肌肉細胞間可維持肌肉的收縮；在神經和肌肉系統間，可用來接收和傳遞神經的衝動，同時鈣離子是重要的凝血因子，有調節血壓的功能。

礦物質	來源	功能
磷 P	普遍存在於牛奶、肉類、豆莢類和全穀類。	磷大多與鈣結合，形成骨骼與牙齒，約有1/5存在於體液和其他組織中。可利用醣類、脂肪、蛋白質，刺激肌肉收縮，亦可預防癌症。
鐵 Fe	肝腎、肉類和蔬菜。	可攜帶和儲存氧分子，以供應肌肉活動所需。在人體中，鐵常和蛋白質結合。經期婦女、發育孩童和孕婦需要較高的鐵質。
鈉 Na	主要是食鹽，每日約8克左右（注意應包含從各種含鈉調味料中所得之鈉離子），以及豆類、蔬菜、水果。	可調節細胞的滲透壓，維持體內酸鹼平衡，並擔任神經肌肉衝動的傳導。
鉀 K	豆莢類、全穀類、馬鈴薯、葵花子。	和鈉離子並存於細胞內外液中，鉀主要在細胞內液中，可調節細胞內外的滲透壓、酸鹼值，維持水分平衡；也參與蛋白質合成及神經肌肉的衝動電位（市售低鈉鹽，其實是將鈉含量降低，而以鉀含量取代）。

礦物質	來源	功能
鎂	綠葉蔬菜、馬鈴薯、豆莢、堅果。	可形成骨質、維護牙齒；肌肉收縮、神經傳遞。
氯	食鹽中。	可維持酸鹼平衡、胃中鹽酸的一部分。
硫	蛋白質食品。	維生素B_1的一部分。

　　瞭解食材的營養成分及這些元素對身體的影響，再加上均衡地攝取各類食物，是維護健康身體的重要步驟，西方營養學說的概念呼應「能量不滅定律」，以熱量攝取吸收轉換為身體體質，過多的熱量變成脂肪囤積成肥胖的身型，導引許多疾病的糾纏。瞭解以上概念，當能選配合適於個體當下需要的食物和營養。

第二節　東方飲食營養概念

　　2015年米蘭世界博覽會的主題探討的是食物，其中提到「feed your mind」的概念，屬於較心靈上的感受和滿足，這樣的觀點其實早已存在東方飲食營養學說中，其中最令世人矚目且實踐者莫過於中國與印度的飲食理論，兩者皆是歷史悠久之古國，都有經過長久實踐驗證的飲食論述，在本節中，介紹中國古籍的飲食養生論，作為學習者在西方營養學說觀念外的另一種判斷依據，也可細心的觀察體會在我們日常生活中「食補」的飲食概念，可以相互融會運用，以建立個人更周全的飲食觀。

一、東方飲食養生的基本原則

▲2015米蘭博覽會一角

　　東方的飲食觀將人體視為一個動態的平衡系統，會隨氣候、季節、年紀和生活的變化而變動，健康的個體來自於一個陰陽協調的平衡系統，所以飲食的選擇就應依據身體的情形去調整。

(一)調和陰陽

　　「陰盛則陽病，陽盛則陰病」，「陰虛則熱，陽虛則寒」，從外觀觀察，四肢冰冷、臉色蒼白怕冷者常被視為陰虛身體，故補陽制陰，可選用當歸薑絲羊肉湯去平衡陰虛的身體。反之，若常生眼屎、臉色通紅則顯示為陽盛之軀，食物選擇滋陰清熱的食物，如涼瓜類。

(二)因時制宜

　　人生活在大自然中，四季的更替，季節氣候的變化，對人體其實都

產生一定程度的影響，依季節而選食，可以獲得自然孕育的最佳食材且可避免人為力量的改變或危害，四季飲食有以下的建議：春天可吃具有生發之機的芽菜、五穀糧食；夏天天熱，身體陽氣浮現於外，內臟空虛，可吃季節瓜類瀉水清熱，以肉末代替大塊肉品滋養脾胃且避免難以消化，可選冬瓜鴨肉丸湯；秋天氣候乾燥，萬物成熟，食物豐盛，有較多選擇，亦可多吃發酵醬品，有利身體消化與吸收；冬季天冷，陽氣內收，人體多喜溫暖禦寒，加上好吃懶得動，極易經脈凝滯，可選溫補食物和淡酒，通經脈、化濕滯、驅寒生熱。

　　總之，因應季節的變化，遵循因時制宜的飲食原則，當可使身體機能更趨協調健康。

(三)因地制宜

　　居住的地理環境演變不同的氣候溫度，也產生了地方上不同的物產，因此衍伸出各地區或族群特有的飲食習性與文化。以廣大的中國大陸

▲四季飲食建議

而言，不難想像何以會有南稻北麵、麻辣川湘、酸透山陝的飲食風味，都緣由於當地地理環境和氣候的差異性。就以台灣一個長不過三百多公里的蕞爾小島，南北溫度氣候的差異性極大，北鹹南甜的飲食習慣就有差異產生了，所以包括有些食材的種植都應該考慮地理及氣候特性選擇適合的種類。國際間物產食品的流動隨著交通發達而頻繁，但仍建議宜以在地物產為優先選擇，一來風土與人體的適配，二來減少食物里程過遠所產生的碳排放，有助於減緩氣候暖化速度。

(四)因人制宜

生命週期的不同、年齡的差異，甚至工作性質的不同，都會影響到飲食營養的需求，幼兒期孩童不同於成長中的青少年，上班性質的人又有別於須勞動付出的工作者之營養需求，所以每一個人在為自己選擇食物時，應該要再多斟酌自身的各種狀況而取用之。

(五)平衡膳食

所有的飲食準則都抵不過均衡飲食來得重要，不偏食，不暴飲暴食，掌握一天大概應有的飲食量、熱量，依用餐的時間習慣（兩餐或三餐）去分配選擇各類食物進食，並且儘量以天然食材為主，少加工食品，正餐之間避免零食或額外的甜食，當能得到健康的飲食品質。

▲甜食食品應有節制

▲加工食品應該少吃

二、孔子的飲食觀

孔子是中國哲學文化中重要的代表人物，孔子於教育上有「至聖先師」之尊稱，顯示其崇高地位，然孔子對飲食之要求與論點也是中華料理中經典的論述。從孔子的飲食觀點中，可發現其中有許多與現在諸多強調健康、養生飲食的論述有相通之處。

> 「食不厭精，膾不厭細。食饐而餲，魚餒而肉敗，不食。色惡不食，臭惡不食。失飪不食，不時不食。割不正不食，不得其醬不食。肉雖多，不使勝食氣。唯酒無量，不及亂。沽酒市脯不食。不撤薑食。不多食。……食不語……。」

(一)食不厭精，膾不厭細

這是大家在談及孔子對飲食的論述時常能朗朗上口的一句話，意思是吃東西一定要精緻、美味、可口，而且要把肉類的食材切成很細細絲，才有助於消化。這是針對一個有聲望地位的人所設計的食物，古時候能吃到肉類已是難得的事，肉類對人體有補益精血的功效，營養價值高，把它切成細絲或剁碎，方便入口及消化，需要廚師高超的廚藝製作精細的佳餚，但在今日看來也可以當成因應銀髮族所採取的烹調方式。

(二)食饐而餲，魚餒而肉敗，不食。色惡不食，臭惡不食

由字面意義瞭解，對於腐爛變質的食物，魚不新鮮肉質腐敗，不能吃。食物的顏色不對不能吃，味道不好有臭味者也不能吃。此論點也正是現代人在選擇食材時很重要的觀點和飲食原則。

(三)失飪不食

若瞭解食材的寒熱特性，則不一定是所有食材皆適用任何烹調方式，因此烹飪的方式不對，也不能吃。例如鴨子的烹調法，在中醫典籍中鴨子屬於「寒性」的食材，較適合火烤方式，可平衡食材本身的寒性，所

▲海鮮類更需注意新鮮，腐敗變質有異味者不可食用

以烤鴨較火熱，而鹹菜鴨較清寒，但同樣的烹煮法，薑母鴨又屬於火性，因為其添加了部分熱性的材料，如老薑和加熱後的麻油。

(四)不時不食

非當時節令的食材就不吃，這與現代強調「當地生產，當季食材」的觀念不謀而合。當季的食物就是得自然節氣蘊養而成的好東西，非當季食材，就需用更多不自然方法去培育，食材極易有人為的危險性存在，且季節不同，身體會調整，但需要靠選擇合乎身體需求的食材去配合。

(五)肉雖多，不使勝食氣

在古人的觀念中，五穀才是主要的食物，所以飲食應該以五穀類的比重最多，這與西方營養學所論述的熱量分配

▲飲食中五穀類應占最大分量

的比例不謀而合，所以即便是吃很多的肉，也不可以超過主食（五穀類）的量。觀諸西洋人的飲食內容大多為肉品、乳品和大量澱粉質、含糖飲料，所以造成國民肥胖和疾病者多，這種現象在國際交流越頻繁，飲食無國界後，台灣的國民飲食內容漸漸趨向於快速便捷的西方速食和飲食習慣，國人身體健康已亮起紅燈，肥胖者及疾病者越來越多。

(六)唯酒無量，不及亂

此處應可做兩種解釋，一是可以喝酒，但不要喝過多，以免喝醉了而做出不理性的事來。第二種說法：此處的酒，或可當作酒糟即是酒釀。酒釀是一種補身子的食物，給婦女補氣血，但是也要注意吃多了會醉，所以可多吃但不要醉亂了。

(七)不撤薑食

「冬吃蘿蔔夏吃薑」、「上床蘿蔔下床薑」，這兩句話充分點出了古人對飲食體驗後而得的智慧。前一句點出了蘿蔔和薑盛產的季節，合著季節吃，不正是現在提倡的當季飲食嗎？後一句則是點出吃食的時間，上床的時間是在晚上，意指晚餐時可以多吃蘿蔔，因為蘿蔔是順氣的，能夠幫助消化，讓人能有好眠；而起床後要開始一天工作，需要有振奮的力氣，在中醫裡，薑是助陽氣生發的食材，所以可多吃薑來幫助提振一天的力氣，如果調換著吃，各位可以想像可能會是晚上睡不著，而白天無氣力工作的情況。

(八)不多食

不要吃太飽吃太多，孔子認為吃太多就會加重脾胃的負擔，進而奪心的氣，所以吃太飽不只是脾胃負擔重，消化力量不夠就會向心奪氣，心臟就會不舒服。

綜觀孔子的飲食主張不難看出孔子的飲食觀早已含括環境保護、食材安全、當季食材、合宜烹調、均衡有度的健康飲食概念了。

結　語

　　飲食營養的概念是每一個追求身體健康的人都應該學習具備的，廚藝人員製作美味的食物提供給家人或消費者，當然也要謹慎思考供應對象的需求，瞭解越多資訊越能自在地選擇到正確的食物，讓自己享有快樂健康的飲食生活，也提供給消費者；在此更要呼籲廚藝人員為消費者設想「吃得少、吃得對、吃得好」的原則，不要鼓勵消費者大吃大喝，提供或以過量的食物爭取客人；要為客人設計能符合他要求的美味和不危害健康的食物；要選用安全的食材和調味品為客人製作美食。每一個人的生命週期都有不同的飲食營養需求，年輕的身體處於機動熱情的狀態，較無法體會來自於身體呼喚的聲音，但相信隨著年齡的增長，學習覺察自己身體的聲音，擁有健康圓滿的生命是多數人追求的目標，西方的食物營養學清楚地告訴大家食物營養素、熱量與功能；但是東方的飲食理論更教導我們應關注天地自然的變化，依時序而取、依身體當下需求而食，綜合兩者，小心運用應證，當能造福自己，同時也提供了他人健康美好的飲食（部分資料修改自楊昭景《綠色飲食概論與設計》）！

▲過量的飲食習慣有礙健康

參考資料

曲黎敏（2009）。《黃帝內經——養生智慧》。新北市：源樺。

林万登（2002）。《餐飲營養學》（四版）。台北市：桂魯。

姜淑慧（1999）。《這樣吃最健康》。台北市：圓神。

胡仲權（2004）。《中國養生藥膳學》。新北市：華立。

莊靜芬（1995）。《怎樣吃最健康》。台北市：文經社。

張湖德（2001）。《中醫是怎樣養生的》。新北市：旺文社。

楊玲玲（1995）。《怎樣吃最補》。台北市：文經社。

楊昭景（2014）。《綠色飲食概論與設計》。新北市：揚智。

Chapter
05

餐飲內涵與
產業發展

楊昭景、王寶惜、陳建龍

　　台灣是一個海島型的國度，開放性性格海納各時期移入的不同族群文化，西荷、日治、中國各省、東南亞，乃至於民國70年代經濟起飛後，歐美各國飲食紛沓而至，讓島內的餐飲風貌多元繽紛，21世紀初期，由國內崛起的餐飲品牌和集團紛紛向海外拓展，展現台灣飲食產業國際高飛的雄心，也正是學習者可以期待的未來！

第一節　台灣中餐餐飲發展

　　台灣的中餐遠自明末時期即因部分閩南及廣東人士移入而引進，移民人員將中國原鄉的飲食習慣和禮俗帶進台灣，原（台灣原住民）漢文化共存，隨著漢人人口越多，漢人的勢力和文化的影響力越來越強。日治時期在台灣的酒樓中即見有支那料理供應；到了民國38年後，國民政府帶來百萬的中國軍兵撤退來台，這些人群中有中國各省的人員，遂也引進了許多不同的飲食菜餚，改變了台灣的飲食內涵，不論浙菜、粵菜、川湘菜，或北方麵食、眷村菜，都曾各領一時風騷，加上經由各時期各族群及在地特色食材風味孕育而成的台灣菜，都隨著社會經濟的繁榮而更加蓬勃發展，台灣已成為華人世界中的中華美食重鎮。

一、日治時期的台灣餐飲發展

　　明清時期的台灣並無太多的餐館經營，食物生產和飲食還是以在家庭中進行為主。而外食場所多稱為點心攤，提供一些簡便的餐點給工人、商販或旅行者購買食用。至清末台灣開港後，一些對外的貿易活動如茶葉、糖、樟腦貿易頻繁，促使許多外來的商人大亨來台，並有內地來台的官員逐年增加，部分官員也會帶來做菜的廚師，其中以福州師傅居多，在家舉行宴客顯示自己的身分地位及對客人的看重。到了日治時期，一些原來服務於官府中的廚師流落街頭，有的轉而受僱於民間的資本家。因為許多日本人來台，所以餐館宴會就成了台灣官員、仕紳階層彼此聯誼，和日本人

▲江山樓

交流促進關係的重要地方，雖然當時的飲食消費多在日式或西式的餐館進行，但同時也促成了中式酒樓的發展。餐館酒樓乃至有藝旦表演等聲色娛樂節目都一併在酒樓中呈現。北中南各地都有一些著名的酒樓出現，如台北平樂遊、東薈芳、江山樓；新竹醉翁樓、嘉義樂仙亭、台南寶美樓、小樂天、醉仙樓。間接地吸引更多的福州師傅來台工作，其次為廣東廚師，根據吳文星（1991）的資料，至1930年代每年約有三、四百個廚師來台發展，其中又以福州師父為多，這也就是現今台灣菜構成的重要元素。

二、外省菜的特色與發展

1949年因國共內戰遷台的百萬外省人帶來中國各地具有家鄉風味的菜餚餐點和飲食習慣，如北方喜麵食、川湘尚辛辣、蘇浙嗜河鮮等。這個階段的外省菜，其實不只是提供外食的餐館、小吃，還有外省族群的家庭料理與節令食俗，近七十年的歲月，所謂的中國八大菜系，較受到矚目且在台灣餐飲市場上風行一時的菜系有江浙菜、粵菜、川湘菜和概括性的北方菜，如烤鴨、麵食製品，其他地方菜系則較少見諸於報章雜誌，也少有相關菜系的餐館，故僅以幾個重要的菜系菜館及菜餚作一陳述。

(一)江浙菜

不同於漳泉閩粵人早在明末清初的時代變動中，渡海來台，對台灣飲食的內涵產生根本的影響元素。江浙菜移入台灣時間晚至民國38年，江浙菜含括了淮陽、蘇錫、寧波、杭州、上海菜等地方菜，由於位在富庶的長江三角洲，農業發達，瓜果蔬菜不虞匱乏，不僅擁有多樣清爽脆嫩的季節時蔬，縱橫交錯的水域盛產各種魚蝦蟹類，如太湖白蝦、陽澄湖大閘蟹、鱖魚、鮰魚，以及長江三鮮：鰣魚、刀魚、河豚，至於烹調方面，相較於其他菜系，江浙地區使用較多的油、糖、醬、酒，亦善以醋（紅醋、鎮江醋）調味。

江浙菜餐廳在台灣的發展大約可分為三個時期：

◆草創到發展期：民國38～60年

大約是民國38年至民國60年左右，從民國38年大批外省軍民進入台灣，後經政府安置在全國各地的眷村裡生活，江浙地區移入者最多。民國50、60年間，台北車站、中華路商場、重慶南路一代已有許多江浙餐館營業，可說是第一波將江浙菜帶入台灣餐飲產業。高雄市鹽埕區的老正興

▲大閘蟹是許多人在秋天盛產時必吃的美食

餐廳（民國43年）已有六十年以上的歷史，和搬遷多次現在位於台北萬華貴陽街上的開開看小吃，可能是歷史最悠久的江浙菜餐館。當時餐館經營的模式有較大型的餐廳，提供較需花費時間烹製的盤菜為主，像狀元樓、大東園、復興園、老正興；另外小型的小吃店以上海（滬）弄堂餐館樣態提供多樣的冷盤菜，放在餐櫃中讓客人自行點用，如開開看小吃、隆記，這時候的餐食都是最為道地的家鄉口味，因為掌廚的廚師多為浙江、江

▲老正興餐廳

蘇或上海籍的廚師，或退伍後為維持家計的軍人。這些廚師又以寧波菜和蘇州菜為主要烹製菜餚，在第一代師傅掌杓時，口味略有差異，但到第二代廚師接手後，漸漸地就沒有太明顯的區別，反而會以「江浙菜」作為招牌。

　　另外在這期間還有許多開設在營區裡服務軍中官兵的餐廳，供應的菜色以江浙菜為主、川菜為次，歷史悠久者如銀翼餐廳、高雄國軍英雄館黃鶴樓、左營海軍中心海光俱樂部中餐廳等；其中較為特殊且歷史長達六十四年的銀翼餐廳為代表，銀翼餐廳的前身為台北空軍新生社內部營業的餐廳，餐廳業者在來台之前已經於浙江杭州的中央政府航空學校中開業，後來還隨蔣氏軍團撤退重慶、台灣，都在軍中營業餐飲，它的菜色除了原本的淮揚菜外，還融合了四川重慶口味，來到台灣於民國41年自行獨立開業，以空軍飛機翅翼取名銀翼餐廳，供應川式淮揚口味料理，一甲子

▲銀翼餐廳

光陰，餐廳緊隨時代改變的腳步而做改善提升，雖有幾次遷址動作但都不減消費者對她的喜愛，甚至入選為2011、2012年度亞洲最佳餐廳的榮譽，也是台北淮揚菜系的代表餐廳之一（陳曉怡，2015）。

◆ 發展到成熟期：民國60～80年

早期撤遷來台時，市場上流行的是西餐館、廣東菜，而後多的是川菜、湘菜館，直到民國60～80年後，江浙菜館才漸漸地成為餐飲市場上的主流。

這一時期台北許多大飯店中餐廳均設有江浙餐廳，如天成飯店天成樓、福華飯店江南春、來來飯店隨園、三普飯店金華廳、圓山飯店柏壽廳（後轉圓苑）、亞都麗緻飯店天香樓。亞都天香樓更以標榜杭州菜與其他坊間江浙菜別有所區隔，當時飯店總裁嚴長壽先生有感於杭州人文內涵豐碩、菜餚文化精緻，足以為中華飲食文化之代表，然而當時台灣的江浙餐館多以淮揚、寧波菜為主，而未見杭州菜餐廳，於是在1985年將亞都麗緻飯店內原有的湘菜餐廳「群賢樓」改為杭菜「天香樓」。亞都天香樓在嚴長壽先生的擘畫下，除了中華精緻美食文化的傳承和保留外，還有更多的文化推展使命，他希望能讓世界人士瞭解中華美食豐富的內涵及人文精

神,不只是多數人認知的糖醋肉和酸辣湯,所以嚴先生在1986年起開始帶領廚師團隊到世界各地參加國際性活動、美食展交流,亞都天香樓也承辦了許多的國際性宴席,都是為了發揚此地精緻的飲食文化。

這時期除了亞都天香樓的故事外,還有一個與江浙菜系相關的傳奇餐館出現,即是揚名國際的鼎泰豐傳奇。鼎泰豐楊老闆原來是經營油行,生意清淡而改行賣江浙點心和簡單的麵飯,其中小籠包是最熱賣的商品,經美國《紐約時報》評選為世界十大美食餐廳,聲名大噪,後又有米其林一星餐館的加持,氣勢更加擴漲。因此更將經營策略拓展至國際,在日本刊登廣告,遂引起日本人的興趣,將之列為來台旅遊必到的餐廳,而小籠包更是必吃的美食,沒有品嚐到小籠包根本不算到過台灣,至此江浙點心小籠包已轉化為台灣美食的代表,讓來自江浙地區的小籠包變成台灣美食代表,也是一個意外的發展。現在鼎泰豐集團已進入世界頂級的餐飲市場,是台灣餐飲跨足世界的成功案例。

▲亞都飯店天香樓餐廳

▲鼎泰豐的小籠包馳名海內外，是許多觀光客來台必去的餐廳

◆成熟到轉變期：民國80～100年

　　這一時期內台灣的餐飲趨勢應有兩個階段的轉折，1997年是香港回歸中國大陸的限期，因此民國80年前後，有許多香港人和廚師來台發展，加上當時台灣經濟正值高峰、台灣本土意識亦漸高漲，擅長中菜八珍海味料理的粵菜和台菜漸漸蔚為潮流，江浙餐館一度式微。

　　後來大約於2000年（民國90年）後台北掀起一股上海熱，除了五星級飯店設立以上海菜為號召的餐廳外，台北地區新增許多上海菜餐廳，中南部也出現上海懷舊風格的餐廳，環境布置、氣氛和菜色都濃濃地傳遞民國初年的上海風貌，過去以江浙菜式為號召的老餐館也紛紛強化上海特色風格，上海本幫菜特色在於濃油赤醬，較為厚重的口味，提供多樣各式冷盤菜在櫥櫃中供客人點用，也有少數熱菜菜單。

　　台灣餐飲市場發展到這一時期，其實已經是跨越國界和時空的爆發期，要維持或標榜正宗的菜系餐館已經非常困難，甚至也未必能獲得消費者的青睞，因為國際交流頻繁、資訊和食材越趨多元，新世代消費群也影響餐廳菜色的設計，美味是不變的第一原則，創新的口味與傳統的滋味就在不同世代的消費群間拔河。或許因為如此，許多歷史悠久的江浙館子也

在菜單中放入了不同菜系受歡迎的菜餚或開發台式江浙菜，以因應變動的時代潮流。

(二)粵菜

粵菜是由廣州、潮州和東江三地菜式組合而成的菜系，潮州菜重海鮮，東江菜即客家菜，油重味濃，具鄉土風味，至於以廣州為中心的廣府菜則是粵菜最為重要的一支，俗諺有云：「食在廣州」，乃因廣州位於物產富庶的珠江三角州，各種農產品不虞匱乏，又是中國古老的海港及近代通商口岸，在貿易交流的過程中，不但進口許多食材，向外發展的華僑也將西洋、東南亞的烹調傳回家鄉，廣府菜因此在粵菜中最具代表性。尤其是從香港引入的廣式飲茶，在台灣幾乎是等同於粵菜的飲食文化。

◆最早出現在台灣的廣東菜

在所尋的資料中顯示，廣東菜早在日據時代就已經出現在台北最高級的餐館中。日治初期，台灣出現一些在節慶宴客或上層階級人士聚會的高級酒樓，所供應的菜色多為閩菜；到了日治中期，後來才開業的餐館如江山樓和蓬萊閣，請來川粵的廚師來台灣掌爐，以區隔原先以閩人閩菜為主的餐館，蓬萊閣更從廣東請到了曾為孫中山先生掌廚的杜子釗來台提供精緻的廣東菜品。

◆第二波廣東菜的出現（民國50年代～60年代末）

民國38年國民政府來台時，帶來許多中國各地的軍隊，但廣東菜尚未能在當時社會或民生生活裡顯現獲得共鳴，少數廣東菜餐館如掬水軒、新陶芳和廣州飯店，提供了在台的廣東人思鄉解饞的去處。反而是在民國50年代後，在台北的高級飯店如國賓飯店、中央酒店（即富都飯店前身）裡以「廣式飲茶」作為號召而現身。廣式飲茶原為廣東地區普通的常民飲食型態，通常是早上就開始的飲食活動，現在經過香港傳入台灣後卻變成有錢階級另一種飲食型態的選擇；到了民國60年後，台灣的經濟漸漸轉好，餐廳在此時也成為喜慶宴客、家常小酌的場所，各菜系的館子皆有。

▲廣式飲茶在台灣曾風行一時

這時候有許多居住於香港的廣東人士來到台灣，或投資或工作，加上本地名人投資開設，有幾家代表的廣東餐廳，例如馬來亞餐廳（由馬來西亞華僑開設於重慶北路大稻埕附近，營業至今每年中秋販賣正宗的廣式月餅，極受市場歡迎）、台灣本地歌仔戲皇后楊麗花所開設的大三元餐廳，另外還有紅寶石餐廳、九龍餐館和最早由香港人士投資的楓林小館，把港式廣東菜帶入台北高級精緻菜館的開始。

　　而「飲茶」的風氣在此時因為台北百貨公司（人人百貨、今日百貨）的出現，也從飯店餐廳推展到百貨公司裡販售，採用推車式的販售方式，也受到市場上的歡迎，主要原因應歸諸於當時台灣的經濟正在起飛，經濟好轉後，人們首先都從口慾上去獲得滿足和改變，百貨公司的出現也反映了社會民生消費的進步發展。過去人們吃地瓜粥、鹹菜鹹肉的家常飲食，因為經濟好轉，就有錢去做改變去消費，吃不一樣的食物，「飲茶」的型態和環境又能夠符合全家人一起用餐的傳統文化價值，而且這個外來的飲食價錢並非高價且「精緻小巧」，感覺高級了，有別於一般大盤合菜的餐館。

　　由香港帶入的「廣式飲茶」進入台灣後，多以「港式飲茶」稱之，在香港尚未回歸中國，仍在英國殖民關係中，香港的形象代表的是西方洋

派的意向，想來當時台灣人的想法中，有亟欲擺脫舊式的、傳統的、老土的生活型態，在視野和觸角尚未能跨越出亞洲地區，受英國統治的香港代表的是洋派、西方的文化。

◆第三波廣東菜的影響（民國70年代～）

民國70年代，經濟越來越發達，台灣瀰漫著一切以港式文化馬首是瞻的氛圍，不只是吃的，連同美容美髮行業，都陷入追求港師服務較好較新較美的迷思中。民國60年代末到70年代中期，全台有數百間的茶樓，飯店中經營或獨立經營，特別是與百貨公司相結合的茶樓生意更旺，知名者如紅寶石、龍鳳、萬喜樓、鑽石樓等。飲食文化的發展總是不離原生－交融－蛻變－再現的模式，經過十幾年的「港式」飲茶後，飲茶的餐點內容也漸漸加入台灣的其他菜餚（外省北方小吃、日本料理、台灣小吃、江浙菜），雖然過程中可以看到業者仍不斷地引入香港最新開發的茶點，標榜正宗「港式飲茶」，但運用台灣食材開發的菜色和本土的菜品也慢慢出現在餐車上或菜單中。

除了飲茶的發展外，民國73年麥當勞進入台灣市場，顯示台灣市場經濟發展的榮景可期，所以有許多的香港燒臘廚師跟著前人的腳步進入台

▲廣式燒臘

灣，又帶來另一款不同的廣式燒臘，有的仍結合原來的廣東餐館，有的則為獨立餐館經營，即所謂的燒臘店，供應比「飲茶」更實惠的餐點價格，極似台灣便當。燒臘飲食對台灣飲食發展的影響在此尚屬開端。

民國78年後至80年代初期，台灣的股票市場一路狂飆至一萬兩千點，一時間台灣陷入股票瘋狂狀態，以「台灣錢淹腳目」形容當時的熱錢和暴發戶的樣態毫不為過。那時候的消費者對飲食的需求就不再是飲茶茶點所能滿足的，「炫富性」的消費心態揭露無遺，要吃更不一樣的菜，更高級的菜，一般人更不容易吃到的食材和菜餚，因此短短五、六年間，幾乎每家五星高級飯店中都主打香港主廚主持的粵菜廳供應廣東菜或香港菜色外，更有台灣的老闆蓋了豪奢的餐館，重金禮聘香港師傅來台主持，吃鮑魚、魚翅、花膠、燕窩、哈士膜，以食材珍稀和處理的困難度，越能說服食客「高價是值得」的，當時一桌酒席十幾萬元、配搭的紅酒由數千到上萬，仍然貴客盈門，知名餐館如新同樂魚翅餐廳、富江野味海鮮樓、葡京潮州海鮮樓、台中潮港城。除了邀聘來的廚師外，當然也有香港商人到台灣投資開店或港廚自己跨海而來，除了看好台灣的市場經濟能力，「1997」香港回歸中國大陸期限已近，促使香港人汲汲往海外遷移，台灣也成為他們考慮移民的地方。在這時期湧入了數百名的港廚，後來也紛紛與台灣女子結婚落籍定居，台灣80年代後的飲食變化，港廚的投入與四處分布也影響原來本地的飲食烹調手法。

◆ **第四波廣東菜的在地化（民國80年代中期～）**

台灣的股票從最高點一萬兩千點到崩盤的時間不過短短的三年，民國82年後經濟泡沫化，多數人民的民生消費從奢華轉為平實，許多標榜高貴的餐廳紛紛關門，因此當時被邀聘來台的港廚就得自尋出路，有些仍在五星級飯店中，有些轉向平價餐廳，有些自立門戶開設餐館、燒臘店，尤其是燒臘店一時之間遍布大街小巷，甚至菜市場中也有港式點心和燒臘滷味，挾帶著先前港味是外來的高級的菜餚形象，從高級餐館落入平民百姓進出的市集，看似粵菜的沒落，其實不然，反而是粵菜與台灣本土飲食口

味和菜餚烹調手法交互影響最廣泛且有滲透力的時刻，街頭的燒臘店瓜分了原來去台式自助餐館或便當店包午餐的消費者，港式客飯如燒鴨飯、油雞飯、廣州炒麵也成了午餐客飯的選擇。菜市場裡標榜港味的攤商受到更多消費者的歡迎，因為不同於原來習慣的台式滷味或食物，又可以用比餐館更便宜的價位享受到港式點心、燒臘食品、滷味，久而久之其他攤商也會學習模擬港味的做法及口味，改變最多的是滷味的調味用料，傳統台式滷味多以八角、蒜頭、紅蔥頭、甘草為主，港式滷味則有近十種甚至更多的植物材料去提香，月桂葉、草果、南薑、花椒等，是過去在台式滷味中很少使用的調味材料。此外，台式滷味單純使用醬油或醬油膏滷製，產生琥珀的顏色或更單一深暗的褐色，而港式滷味則加入了醬油、蠔油，最重要的是色素的使用非常普遍，紅色色素、黃色色素、薑黃等，滷製後的食物呈現一種琥珀微黃的顏色或鮮紅的叉燒肉品，在賣相上自然比深沉顏色的台式滷味更加吸引人，發展至今，台灣消費者尤其是年輕消費群已經習慣黃色、鮮紅的滷味或各種顏色鮮豔的食品，蠔油、雞粉和色素的運用是廣東菜對台灣菜最大的影響和改變（修改自楊昭景，2014、2015）。

▲平價的燒臘店

(三)川、湘菜

有句話：「四川人不怕辣，湖南人辣不怕，貴州人怕不辣。」最能
點出西南菜系的特色。另外，近代史上的「湖廣填四川」，即明初至清康
熙年間約一百多年的移民潮中，將近三百萬的湖南、湖北人遷往四川居
住，不只改變了四川的人口結構，連帶影響了當地的風俗文化，川、湘的
飲食習慣也因此互相雜揉。但戰後台灣的川菜、湘菜則有不同的命運。川
菜以多變及強烈的麻辣風味變成台灣餐飲市場的主角，而湘菜則漸漸式微
或沒入一般的餐館菜色，較無鮮明的角色。

1937年中國對日抗戰接連失利，國民政府將首都遷往重慶，重慶成
為中華民國陪都，一時之間聚集的各省人士，將不同的飲食風味引入四
川，戰爭結束後，這些人士帶著習於辣味的飲食習慣離開四川，川菜於是
隨之傳播各地，甚至與淮揚菜結合，形成所謂的「川揚菜」流行於上海。

台灣雖於日治時期已有川菜料理，不過川菜館直到戰後才出現。
1945年台灣省行政長官公署設置後，接收了日本赤十字社台灣支部（國民
黨中央黨部前址），並在公署自行開設餐廳稱為「凱歌歸」。1949年後國
防部設於博愛大樓，臨近還有空軍司令部、海軍司令部等軍方單位群聚
的效果，帶動周邊地區及中華路、西門町的餐飲業，因此1960年之
後，台北西門町一帶已有十數家川菜館，這些川菜館所賣的菜餚如麻
婆豆腐、魚香茄子、回鍋肉、粉蒸肥腸、豆瓣魚、辣子雞丁、宮保雞
丁、棒棒雞、椒麻雞、樟茶鴨子，另外就是擔擔麵、紅油抄手等麵點
小吃，其特點是「取材方便，所費又微」（楊琅，1960）。

湘菜即湖南菜，原是以湘江流域、

▲著名川菜麻婆豆腐

▲著名湘菜剁椒魚頭

洞庭湖區、湘西三地風味組合而成，菜式樸拙，講究分量豐足，盛行長箸大盤的飲食習慣，其特點是油多汁厚，色重味濃，酸辣鹹香兼具，一般菜餚的辛辣尤勝於川菜；又多煙燻臘味，如臘肉、臘魚、臘雞等。近世湘菜之傳播與改變，或與清末曾國藩率湘軍至各地平定太平天國之亂有關，俗云「無湘不成軍」，而湖南口味的菜餚也就隨著湘軍開始向外延伸。

　　湘菜在台灣的盛行則與名廚彭長貴（1919- ）有關。據1983年報導及現今「彭園」網站的介紹，彭長貴早年曾隨譚廚學習湘菜，遷台後開設許多餐館，其間（1957～1967）應中央銀行總裁徐柏園之聘主持央行餐廳。1973年赴美開設「彭園」餐館，對於湘菜在海外的發展有很大影響，特別是彭長貴所研發的「左宗棠雞」，在美國中餐館裡竟然成為最受歡迎的一道菜。1983年彭長貴回台再開「彭園湘菜館」，其所創製的「左宗棠雞」逐漸取代傳統湖南菜「東安子雞」，成為台灣湘菜的代表（陳曉怡，2015）。

　　台灣流行的其他湘菜還有蜜汁火腿、竹節雞盅、上湯魚生、臘味合等。不過湘菜在台灣的發展，卻因為和其他菜系的混雜，而失去其特殊

▲左宗棠雞是台灣湘菜的代表

左宗棠雞

據彭長貴自述,此菜之創製源於時任行政院副院長之蔣經國,某晚在餐廳即將打烊前來用餐,於是他使用僅剩的食材臨時烹煮一道菜,卻意外受到好評,因想到湘軍領袖左宗棠,遂以「左宗棠雞」命名。1964年傅培梅電視教學時還只有「東安雞」或「麻辣子雞」,至1971年出版的傅培梅《電視食譜》中已列有此菜的做法。

美國導演Ian Cheney於2015年為追溯「左宗棠雞」的由來而拍攝「尋找左宗棠」的記錄片,片中提及全美約有五萬多家中國餐館,每一家幾乎都有「左宗棠雞」,更是全美最受歡迎的外賣菜式。(陳曉怡,2015)

性，除了容易和原本就屬風味接近的川菜相混，以致於湘菜到後來反不若湖南臘味更為人所普遍接受。

(四)北方菜及麵食

　　台灣所稱的「北方菜」，傳統菜系分類中係以「魯菜」一詞稱之。包括河南、山東、山西、陝西各省菜餚，並擴及東北地區的飲食（唐魯孫，1981；李澤治，1994）。北方菜以山東菜、河南菜、北京菜為代表。

　　說到北方菜，其中最富盛名的是「北平烤鴨」，或稱「掛爐鴨子」。掛爐烤鴨在台灣流行，最初始於1950年代的北平鹿鳴春鴨子樓、正陽春鴨子樓，以及清真館洪長興，除了掛爐烤鴨或燜爐烤鴨，甚至還推出價格不菲的鴨翅席。其後位在中華路上的真北平則推出一鴨三吃或四吃，以平價實惠為促銷手法，吸引了許多人吃烤鴨（逯耀東，1987、1988）。除了北平烤鴨，台灣流行的北方菜多為價格平實的菜餚，例如：合菜戴帽、京醬肉絲、蔥爆牛羊肉、軟炸里肌、鍋塌豆腐、雞絲拉皮、豌豆雞絲、九轉肥腸、酸辣湯，以及各種砂鍋類。此外，台灣各地盛行的餡餅、小米粥，則是來自北方的清真館，最初只有牛羊肉餡餅，尤以餡多油重的

▲北平烤鴨

牛肉餡餅最受勞力者的歡迎。來到台灣後則增加豬肉餡餅、韭菜盒、蔥油餅，以及江浙式的蒸餃、小籠包等，形成南北口味俱全的麵食館（陳曉怡，2015）。

傳統台灣的麵條是指油黃色的油麵，明清時期福州師傅所傳入，但現在台灣所流行的各種麵條類食品中，以陽春麵、刀削麵、麻醬麵、三鮮麵、大滷麵、炸醬麵等較常見，麵條在台灣的興起其實與二次大戰後美國的政治經濟控制有關，美國在台灣大力推廣麵食的做法和好處，加上當時台灣生產的米糧多以外銷出口賺取外匯，所以廉價銷台的麵粉就成為政府鼓吹食用的材料。現在更因為一些麵包師傅在國際廚藝比賽中獲得榮譽，麵粉經濟成為當前熱門的顯學，國人的飲食習慣已傾向麵食發展。

(五)牛肉麵文化

陽春麵外的牛肉麵更成為台灣的代表麵食，國際聞名。牛肉麵分為兩種系統：清燉與紅燒（辣味、番茄），最值得一提的是號稱「川式」，卻在四川找不到的台灣「川味牛肉麵」。台灣傳統社會並無吃牛肉的習慣，台灣開始形成吃牛肉的習慣，以及牛肉麵的流行應該還是和當時來台的軍人有密切關係。

▲清燉牛肉麵

▲紅燒牛肉麵

　　逯耀東〈再論牛肉麵〉一文中則認為牛肉麵是從四川的小碗紅湯演變而來，最早出現在岡山空軍眷村的川籍老兵或眷屬為維持生計的麵攤，其特色是在牛肉湯鍋中加入以郫縣豆瓣醬製成的紅油、花椒、八角，慢火熬燉而成，將麵入於紅湯牛肉中，即成油亮紅豔、滋味麻辣的川味牛肉麵（逯耀東，2001）。川味牛肉麵從台北開始發揚，早期聚集在桃源街、中華路一帶，其後才普及於全台各地。至於另一種屬於清真系統的清燉牛肉麵，則多由山東人或回教徒所經營，分布在台北車站前的開封街、漢口街一帶。對許多外省人來說這是撫慰鄉愁的食物，對一些來到台北讀書的年輕學子，則是經濟能力有限下，打牙祭兼補充營養的一種選擇。川味紅燒牛肉麵自麵攤進入店鋪，逐漸在地化成庶民飲食，並有連鎖店經營系統。2000年後台北市政府更斥資舉辦牛肉麵節，透過比賽活動打響台灣牛肉麵的知名度，並由此衍生出各式牛肉麵，不但形成了台灣特有的牛肉麵文化，更與蚵仔煎、滷肉飯等並列為台灣的美食代表〔美國有線電視新聞網（CNN）的讀者選出「全球十大最佳美食旅遊點」，其中名列第一的台灣，即以街頭小吃如蚵仔煎、鹽酥雞、牛肉麵和滷肉飯等，深受全球遊客歡迎〕。在介紹台灣過去上百年的「食」脈絡發展的同時，其實尚有「飲」的產業的發展，更是蓬勃。「珍珠奶茶」、「芒果冰」儼然是這一時代台灣產品的成功代表，自2000年後，台灣餐飲產業中融入更多的異國文化，再加上創新的產品，台灣的美食正快速地向海外拓展，影響世界。

第二節　西餐的發展

　　飲食文化的傳遞通常是藉由運輸展開，從17世紀航海時期開始東西文化的交流，其中影響最深的莫過於日常生活中最基本的食、衣、住、行，尤以食最為顯著。

　　1960年代台灣經濟開始蓬勃發展，因此西方飲食逐漸地傳入台灣。現今所指的西餐並非指單一國家飲食，而是集結歐美各國料理之統稱，甚

至於俄羅斯等各國的飲食，涵蓋的國家甚多，也都被歸類於西餐的一環。美國菜亦是西方飲食，然而美國飲食不僅受英國的影響，更受其他國家的影響，其因是美國本身就是一個各民族大熔爐，包含各種國家飲食，造就出不同的西餐特色。儘管如此，在開始學習西餐時，多數還是聚焦於「義法料理」的西餐系統，透過義、法兩國的餐飲文化與特色，瞭解西餐文化的發展。

一、西餐歷史與演進

西餐的歷史發展和演進是經過一連串宗教戰爭、政治改變、文藝發展所融合轉化而來。

(一)西元4、5世紀羅馬帝國

羅馬帝國在歐洲歷史上有其巨大的影響力，從西元4、5世紀開始至滅亡，影響著歐洲各國的政治文化、藝術和飲食，西餐真正的起源是源自羅馬菜，經由義大利再傳入法國，因此義大利菜被稱為「西餐之母」。當強盛的羅馬帝國受到異族的入侵後，文化藝術與民生的食衣住行也隨之改

▲煙燻肉類、乳酪等加工食品是西餐飲食中具代表性的食材

變，因此宮廷的美食文化便逐漸沒落，隨著戰爭造成物資的缺乏，相對發展出一些自然的加工食品，例如煙燻肉類、乳酪、小麥製品麵包、麵條及釀製葡萄酒的釀酒文化相繼產生，這些天然的加工食品進而成為日後西餐飲食發展的重要特色，並有著極大的貢獻及特殊的影響力。

(二)11世紀十字軍東征

歷史上東西文化交流始於十字軍東征的11世紀，東方的荳蔻、生薑、桂皮、丁香等食材及麵食經由戰爭被帶到了義大利，這些不同的香料和食材再次使得注重美食的宮廷菜餚有了不同的飲食文化，注入了新的生命。香料在歐洲是極為普遍且重要的調味品，早期歐洲的東方香料取得不易，是極為昂貴的食材，足以媲美黃金，因此在飲食中能使用東方香料便是權貴的象徵。

▲香料在歐洲是極為普遍且重要的調味品

(三)15世紀哥倫布發現新大陸

15世紀（1492年）航海時期哥倫布（Christopher Columbus）發現了新大陸，並將中南美洲的香料、玉米和秘魯的番茄帶回到歐洲，其中還包含當時被拿來當作飲料的墨西哥可可，這些食材也成為日後西餐飲食中最重要的一部分。另外，在15世紀影響西餐飲食的其他兩個重要原因，包括14世紀末的「文藝復興」，這是奠定「西餐之母」義大利菜餚最崇高地位的年代，當時的王公貴族為展現權力與財富，常藉由飲食來突顯自己的與眾不同及尊榮，因此在宮廷中培養了很多擁有精湛廚藝的廚師，研發出不同的烹調技巧及美味佳餚，以滿足當時奢華的宮廷生活，為了迎合當時的需求，想要接近貴族的唯一最佳途徑就是擁有高超廚藝，成為一位廚藝精湛的廚師，才能擺脫貧窮，與貴族接觸，研發新菜餚和學習廚藝可說是當時蔚為風氣的潮流。

「政治聯姻」亦是西餐演進史中另一改變，15世紀的義大利和法國因政治戰爭的關係而有「政治聯姻」，當時義大利凱薩琳（Catherine de Médicis）公主嫁給了法國亨利二世（Henry II Curmantle），雖然法國的宮廷極為的富裕奢華，但在飲食文化的發展仍然落後於源自羅馬帝國的義大利，用餐仍以手抓取食物入口的方式進食，直至義、法的「政治聯姻」，公主將原在義大利的僕人、廚師、食材等隨行人員及飲食方式帶入法國，最大的改變莫過於將刀叉開始用於宮廷中，並且宴會上開始有了多元文化的交流與刺激，這也是至今法國菜是西餐的主流並且成為代名詞的主因。

15世紀末西班牙是擁有最好航海技術的國家，南征北討時，將在各國發現的食材帶回西班牙。17世紀時，西班牙瑪麗亞・德瑞莎（Maria Teresa）公主嫁給法王路易十四，於是將巧克力帶至法國巴黎，成為宮廷中的甜點，在法國逐漸傳開，成為法國重要的甜品之一。直到德瑞莎公主和法王之子菲利普五世，自法國回西班牙繼承王位，同時也將法國宮廷的生活方式、飲食習慣方式帶入西班牙王室，因此法餐也影響了西班牙菜的發展。

▲巧克力是西方餐飲重要的食材

(四)17世紀末至18世紀法國大革命

　　繼「文藝復興」和「政治聯姻」，另外一個西餐的大轉捩點莫過於「法國大革命」。舊有封建制度的瓦解，所有的王公貴族不再享有特權及財富，奢侈浮華的宮廷飲食文化也因體制的瓦解，不再擁有廚藝高超的名廚，因此這些曾經為貴族服務的廚師，必須重新找尋工作，大部分的廚師們擁有著精湛的廚藝，藉由以前的經驗，紛紛在不同的地方開設各式的餐廳，因此真正的將以前宮廷飲食加以改變傳入了民間，提升餐廳的品質並改變大眾對餐廳的認知，建立餐廳的專業化和平民化，因此我們可以從法文「Restaurer」原字義中看出餐廳乃是「恢復體力」之意，餐廳「Restaurant」是提供食物幫助人們恢復體力的地方。

二、西餐史上的烹調改變與重要人物

　　法國歷經兩百多年飲食歷史的刺激與演進，逐漸取代義大利菜餚演變成為今日西餐的代名詞。由於社會生活型態的改變，早期傳統的法國菜

▲新飲食運動浪潮將烹調視為一種藝術

因受宮廷菜餚的影響，極為重視傳統醬汁的製作及複雜的製作程序而失去了食物原有的風味，因此在20世紀時，法國推出了「新飲食運動」，改變傳統的烹調方法，廚師開始有了營養的概念，知道保留食物原有的風味。同時烹調已經成為一種藝術創造，設計不同風格的菜餚，讓各地區的地方菜餚突顯出來，且更有不同的飲食特色，對於在地的食材開發與利用更是一大重點。

在20世紀末期，西餐歷史出現了新烹飪方式──新式烹調（Nouvelle Cuisine/ New Cooking），是由一群受過傳統訓練的專業廚師所提出的變革與創新，由於科技的進步，協助烹調設備和烹調技術的改進，又將西餐帶入一個新的領域與境界，如分子料理（Molecular Gastronomy）、真空烹調（Sous Vide）等，改變食物的結構，或利用其烹調方法來改變西餐的供應方式與數量。

21世紀的現代化航空運輸及更高科技的設備發明，將地球村世界一家的概念更加突顯出來，世界各國飲食之間的文化交流更為普遍與頻繁，相對的西餐本身雖有它原有的歷史背景與演變，但這些年亦受到世界各國其他飲食文化的影響，現今21世紀的西餐是一個簡單質樸的新概念，但又

不失原有的精緻與特色。如今不管任何一個國家或飲食文化的發展,均以健康為主軸,太花俏、不切實際、譁眾取寵的展現,通常只是曇花一現,而未來更重要的乃是以符合人類基本生理與心理需求,均衡設計的飲食概念為主。西餐的未來也會因不同觀點、高科技及國際化的影響而有更豐富多彩的展現。

眾所皆知的義大利、法國為主的西餐飲食文化中,一般的認知常以食材的選用或烹調方法來界定是否為西餐飲食,最常見的不外乎是麵包、番茄、乳酪、煙燻肉類、葡萄酒、橄欖油、香料等。「東方米食,西方麵粉」似乎一語道出了東西方飲食上的差異。「麵粉」可說是西餐最重要的食材之一,麵粉源自古羅馬帝國,麵粉改變了人們的生活型態,成就了今日的西餐主角,而「河鹽」的發現更將飲食調味往前推向一大步。「西餐之母」的義大利就是因承襲羅馬帝國所發展的美食才能有今日封號。

除此之外,優良的地理環境、氣候讓因航海時期傳入歐洲的番茄、馬鈴薯等農作物大量栽種,因此成為義大利菜餚和日後西餐中不可或缺的重要食材。橄欖樹在西班牙和義大利是一大經濟農作物,橄欖油和香料的使用亦是西餐中一大代表食材,起司、煙燻肉類和葡萄酒等加工食品也是西餐飲食中具代表性的食材,是西餐烹調不可或缺的元素。

▲橄欖油和番茄是西餐常用的食材

▲重要餐會場合會以冰雕作品來增添氣氛

　　自西元4世紀至21世紀的今日，西餐廚藝歷史上，每一個階段均有不同的貢獻，特別是1793年（18世紀）法國大革命封建體制的瓦解，導致當時為王公貴族服務的廚師必須另謀出路，於是大多數的廚師在巴黎或附近地區開設餐廳，而其中最為聞名的是馬列—安東尼‧卡雷姆（Marie-Antoine Careme, 1783-1833），他被尊稱為「古典烹飪創始者」，他對西餐烹飪有著卓越的貢獻，畢生致力於廚藝的研究，並且精通各項不同的廚藝技巧，他不僅將所有的烹飪技巧有組織的分類編排，並將內容成冊傳授晚輩，此書乃是西餐廚藝史上第一本將烹飪技巧、原理和菜單完整呈現的書籍，讓食物典雅精緻的呈現。除此之外，他更創立冰雕（ice carvings）、糖雕塑（sugar sculptures）及蛋糕裝飾（cake decorating）等技術，這些技術不僅是烹飪學上的技巧呈現，更是一偉大藝術創作，因此對於現今的大型宴會布置有著深遠的影響。卡雷姆不僅擁有精湛的廚藝和烹飪學理，更重要的是他將之前在宮廷中所受到藝術的薰陶融入西餐廚藝，將西餐變成了一門藝術。

　　另一位被全世界專業廚師和美食家尊崇的是艾斯可菲（Georges Auguste Escoffier, 1846-1935），他被譽為「20世紀烹飪學之父」。艾斯可菲最大的貢獻在於將傳統古典宮廷料理和菜色精簡，並且以科學管理的方法重新組織規劃廚房。早期西餐承襲宮廷上的奢華，西餐在宴會上包含二十道以上的菜餚，由於總類和份數相當多，一般賓客僅僅只能食用少部分，這樣的用餐方式一直到「西餐之父」艾斯可菲的出現才有所改變。首先，他將傳統菜單「重量」和「數量」改變，先將菜單分門別類，加以統整，減少菜餚分量，並精簡成一至二道菜餚，訂定好上菜順序，注意菜色的變化，注重食材與食材之間的搭配性，不僅能完全展現出食物本身的特

色原味，更能突顯出廚師精湛的廚藝。艾斯可菲的另一貢獻乃是將廚房變成為一個有組織有系統規劃的供餐環境，使廚房的運作更有效率，以提高更多的產能。其兩大貢獻時至今日對於學習正統廚藝教學的學校和餐廳飯店均受益無窮，依舊視其烹調法和製作流程為最佳著作。此外，需要大量製備西餐的大型飯店或餐廳，也都以他的系統組織規劃為範本，他是將西餐推向另一境界，改變今日西餐最重要的人物。

科技設備和廚藝的進步

艾斯可菲的廚房組織規劃讓廚藝能更有效率，加上科技設備上的進步，簡化了很多製作流程，使得加熱、切割、烹飪等步驟有了莫大的改變。早期傳統使用瓦斯、電力加熱烹煮食物，如今日新月異各式各樣的烹調設備，不同功能的食物調理機被發明並且廣泛使用，量產出不同食物，產生了所謂的中央廚房，皆因這些大型的設備幫助餐食的大量生產、銷售。中央廚房的管理，讓西式餐食能維持優良的品質，亦能符合更高衛生安全標準。同時大量西式冷凍食品、加工餐點等也向國際間推廣開來。西餐烹調常使用的基本工具，如西餐刀、魚刀、橄欖型刀、牛叉、鍋子、均質機、手持攪拌器、蒸烤箱、傾斜鍋（tilting skillets）、蒸氣鍋（steam kettle）也都不斷地改良，有助於西餐廚藝的發展。

現在西餐烹飪的發展自西元4世紀至今在原理上沒有太多的改變，但歷經不同時代的環境變遷，因此消費者有不同的需求，對飲食習慣思維產生改變，加上科技進步，烹調設備、供餐方式都有了變化，這些變革使得20世紀的西餐有了不同的新風貌。

三、台灣西餐演進史

台灣西餐的發展可以從日據時代到台灣光復美軍進駐台灣開始說起，一路從1940年至今歷經好幾個不同階段的改變與轉型，每一年代台灣的西餐也都有其代表性餐廳與發展特色。

▲波麗路西餐廳

(一)40年代：西餐的白卷期

此時期是從日據時代至光復，由於社會風氣極為保守，人民普遍貧窮，西餐的概念一般人並不認識，更談不上瞭解或喜歡，僅僅在一些大飯店附有西餐廳，是台灣西餐的「白卷期」，在此年代的西餐廳是日據時代留存下來的，因此在口味上較偏日式，最知名的西餐廳是「波麗路餐廳」，以及位於台北市延平北路和西門町成都路的「南美西餐廳」，都是當時一般民眾所喜愛的西餐廳。

(二)50年代：西餐的中式西餐期

美軍進駐台灣，因此美軍顧問團從上海和廣東請來會料理西餐的廚師來到台灣，因為早在清朝時期，上海、廣東是貿易通商港口的關係，因此有眾多的外國人聚集，這些廚師便有機會接觸西方餐食，因此這些中國廚師在這樣耳濡目染的環境下，也學到了一些西餐料理。此時期的西餐廳均屬小型咖啡西餐廳，也從這小型咖啡廳開始，才奠定了未來真正的西餐廳。

▲小統一牛排館

(三)60年代：西餐的啟蒙期

台灣經濟起飛始於60年代，與國外人士開始有了更多的接觸，更多的外國訊息和飲食隨之傳入台灣。當時的台北市「藍天西餐廳」還特別禮聘來自瑞士的主廚Trummer擔任行政總主廚，帶領一股西餐風氣潮流，同時牛排館也開始出現，知名牛排館「小統一牛排館」座落於雙城街，陸續又有「上賓牛排館」開幕，更有改良源自日本「鐵板燒」的西餐廳，以廚師現場烹飪表演為主軸來吸引客人，此時期可謂西餐真正的啟蒙期。

(四)70年代：西餐的富裕期

自由經濟貿易，使台灣社會繁榮，生活逐漸富裕，旅遊觀光盛行，使一般人有更多機會接觸到西式的餐食、食材和用餐方式。同時期，國際連鎖飯店也開始看準了台灣市場，紛紛進駐台灣，例如希爾頓飯店、財神酒店，其他各大飯店也都開始設置西餐廳，因此70年代是西餐在台灣蓬勃發展的時期。其時期各國不同口味的西餐盛行於台灣，其中美式自助餐「無限量供應」（All You Can Eat/ Buffet）受到很多人的喜愛，也流行至

今。除此之外，這年代的西餐廳還兼娛樂表演的功能。到了此年代末期，國際的連鎖餐廳也開始紛紛進入台灣餐飲市場，例如：芳鄰。

(五)80年代：西餐的多元風貌期

此年代的初期依舊延續70年代西餐廳的特色，還有娛樂表演，例如卡拉OK西餐廳及Disco西餐廳。此時受到美式餐食的影響，例如美式西餐牛排、龐德羅莎、鬥牛士大分量牛排、沙拉吧等，是一般年輕族群最喜愛的飲食。西餐的供餐方式不同於中式供餐服務，這時期中菜西吃蔚為風尚，成為一種流行的用餐方式。另外，為了滿足不同顧客的需求，像閱讀餐廳和寵物餐廳等主題性餐廳如雨後春筍般紛紛出現，提供消費者更多不同的選擇。在此時另一重大影響台灣餐飲市場就是西方速食業，美國國際連鎖速食業麥當勞和肯德基分別在1984年、1985年進駐台灣餐飲市場。速食的引進改變了國人用餐習慣，因此這年代可說是台灣西餐的多元風貌時期。

▲龐德羅莎餐廳

▲麥當勞是全球連鎖的速食品牌

▲肯德基也是全球知名的速食店

(六)90年代：西餐的穩定發展期

歷經前面數個年代，西餐的基礎已經漸漸穩定，此時期的西餐分為速食型、自助型和精緻型三大類。速食型指的是漢堡、披薩、炸雞、潛艇堡等；自助型幾乎在各大飯店都設有此類型的供餐方式，提供各式各樣不同食材或結合異國料理，以滿足不同年齡層和族群者的需求；另一類是正統西餐精緻型，如法國菜、義大利菜或高級創意料理。

(七)20世紀：西餐的藝術期

人們已經擺脫了貧窮，也享受了不同的西式飲食，對西餐的要求由量轉至質的重視，一般人對西餐的要求標準更高了，希望廚師們受過正式訓練，不僅要有精湛的廚藝，甚至希望能有在國外當地學習菜餚的經驗。在食材方面也能採用各國原產地的食材，餐廳的布置、設計和服務也都與國外相同。此時期的西餐不僅要求食物精緻美麗、新鮮自然，滿足視覺和味蕾同等享受，更展現食物的內涵及飲食文化，西餐的呈現不僅是色香味俱全，吃不再只是滿足生理需求，更重要是心靈上的滿足，因此這時期是西餐的藝術期。

(八)21世紀初：西餐的健康期

　　自由開放的台灣，穩定的經濟加上週休二日，使國人有更充裕的時間，因此對於生活品質上的需求和健康更加注重，人們開始重視養身、休閒活動、運動，因此台灣的觀光、餐飲、休閒、運動已融合在一起，不僅民宿、農場和休閒餐廳推出各式健康蔬果，在地食材，連各大飯店西餐廳也都紛紛使用在地食材或來源有認證的食材。目前高雄市推廣綠色友善餐廳即是使用高雄在地的農作物。行政院農委會也推廣「溯源餐廳」，透過QR Code即可知道食材來源或採收過程及運送時間，將吃的層次需求往健康安全提升。在此時期觀光發達，各國外籍人士因工作或婚姻來台定居，同時也將自己家鄉的飲食、食材、烹調方式一併帶入台灣，此時台灣的街頭巷尾常可見泰式、越式、印尼或義式各國風味小餐館林立，為台灣的餐飲增添不同的風貌。此外，高品質精緻的米其林餐廳侯布雄也進駐台灣，讓台灣的西餐和國際高級正統西餐接軌。

▲ 溯源餐廳標章
圖片來源：台灣農業跨領域發展協會

四、西餐廚藝養成教育

西餐廚藝教育經過數十年不斷地演進，至今已是一門專門的學科。目前世界各國都有廚藝相關的科系，以培養專業西餐廚藝人才。台灣對於西餐廚藝的養成分為國內、外學位和學習證書。在國內，國立高雄餐旅大學於1995年創立餐飲廚藝科西餐組，1997年獨立成科，於2000年升格成為系，西餐廚藝系也是目前台灣唯一頒發西餐廚藝學士學位的大專院校，培育台灣相當多專業西餐廚藝的人才。國外具代表性的廚藝學校有——巴黎藍帶廚藝學校（L'inscription de Cordon Bleu Paris）、保羅‧博庫斯學校（Institute Paul Bocuse）和美國的美國烹飪學院（The Culinary Institute of America）。巴黎藍帶廚藝學校這些年陸續在世界許多國家開設西餐烹調和點心製作等課程，提供學位和證書兩種不同的課程。和藍帶廚藝學校一樣聞名的保羅‧博庫斯學校，是由廚藝界最具影響力的保羅‧博庫斯所創立，同時也是米其林三星者。另外則是1949年成立於美國的美國烹飪學院，早期是為了培養老兵第二專長的繼續成人教育，如今成為西餐廚藝人才培育的搖籃。

結　語

源起於西方國家的西式飲食，在交通運輸便利及科技發達的協助下，無國界地球村的生活早已來到我們的生活中，廚藝更早已悄悄地跨越了生活界線，不僅生活無國界，餐食更是無國界，從西餐的演進中瞭解到飲食不再只是滿足基礎的身體需求，更包含心靈的滿足及文化藝術的傳承。對於從事廚藝或餐飲的相關者而言，廚藝最高的價值是在追求馬斯洛（Abraham Maslow）理論中的最高境界——自我實現，製作美味健康的菜餚，不斷地研發創新，並且傳承優良的技術與態度才是最終目標。

第三節　烘焙產業沿革

　　台灣烘焙工業被稱為黃金產業，產業發展歷經了多次的轉型升級，在政府、糕餅公會與研究機構等產官學相關單位的共同支持與協助下，透過先進機器設備、技術、原料與資訊的引進，經過數十年的努力，台灣烘焙業的技術水準已臻國際水準，許多師傅引領技術創新改變，並積極參與國際烘焙技藝競賽，嶄露頭角，屢創佳績，這些另類的台灣之光已成為許多年輕學子爭相學習模仿的偶像。另一方面，在市場上到處可見引人注目的個性烘焙名店，店面設計不僅呈現現代奢華與獨特風格，琳瑯滿目的美味與創新麵包糕點推陳出新，更讓人目不暇給，流連忘返，將烘焙業由傳統民生產業帶入另一個體驗時尚與五感行銷的消費新紀元。

一、烘焙業產業概況

(一)產業範圍

　　依據行政院主計總處公布之「行業標準分類」的定義，烘焙產業範疇主要可界定為從事烘焙炊蒸食品製造之行業，如麵包、蛋糕、餅乾、年糕、蘿蔔糕、米果等製造（0891烘焙炊蒸食品製造業）。除此之外，其他相關烘焙產業還包括糖果製造業：從事以各種原料製造糖果之行業，如軟糖、口香糖、巧克力糖、牛奶糖等製造（0894糖果製造業）；冷凍披薩、冷凍麵糰（0897調理食品製造業）等。烘焙產業對整體食品業的重要性有逐年提升的趨勢，根據經濟部統計處資料推估，台灣整體烘焙工業的市場年銷售總值為億600億元，約占台灣食品業產值的1/10。穀研所施坤河所長（2012）認為，台灣與日本在烘焙產品的消費習性類似，而台灣人口占日本人口的1/6，若以日本4,550億元的產值推估，台灣烘焙市場應有1,000億元的潛力，足見烘焙業尚有極大的成長與發揮空間。

　　烘焙產品以麵粉為主要原料，而台灣麵粉廠使用於磨粉之小麥多數仰

▲麵粉是烘焙最常用的材料

賴進口，依照農委會102年統計進口量約131.7萬公噸，主要來源以美國一級小麥為主，其他來源為澳洲與加拿大，此外，在國內進口麵粉部分，進口量約16,173公噸，主要進口國為澳洲及日本。而台灣國產小麥雖不及進口小麥的萬分之一，價格無法與國外競爭，然而在政府小麥育種研究與鼓勵推廣下已見成效，例如，台中2號小麥品種，強調以有機栽種的國產麵粉已正式推出市場，並不斷在產量與品質上力求突破與進步。

　　台灣地區早期烘焙產業85%以上屬於家庭式小規模經營，即使後來採用機械化、工廠專業化生產，也是從業員工在50人以下之中小型企業居多。若以全省目前糕餅業者共約一萬餘家，依每家投入技術人員5人的平均值推估，台灣地區烘焙從業技術人員約五萬多人。近年來基於烘焙產業國際化程度提升，以及政府對於餐旅烘焙技職教育的重視與推動，加諸許多優秀的從業人員在國際烘焙技能競賽的亮麗成績，讓國人對技藝的價值觀與刻板印象改變，也吸引了許多後進學子的加入，為烘焙產業的未來榮景注入更多生力軍。

(二)台灣烘焙業的發展歷程與現況

　　不同的時空環境下造就了台灣烘焙業產業的蓬勃發展，在這數十年的歷程中有許多幕後的推手，包含政府、公會團體、企業組織與同業先進們，默默地為產業貢獻心力。

◆啟蒙期（40～50年代）

▲糕餅一直是大家很喜歡的點心

　　二次大戰後的台灣，甫經戰火洗禮、百廢待舉，接連而至的政府播遷來台、國內政局形勢不穩，致使原物料嚴重不足，主要物資皆仰賴配給管制與外援，糕餅業係僅具販售雛型的傳統行業，在此一階段政府與糕餅公會扮演舉足輕重的角色，透過穩定物資提供與技術改良，逐步改善產品品質，奠立爾後烘焙產業發展的良好基礎，主要營運方式是以手工生產糕餅兼營麵包蛋糕為主，堪稱啟蒙階段。

◆成長期（60～80年代）

　　隨著經濟成長、人民生活改善，對於麵包西點的要求相對提高，糕餅業者必須提高產品品質與生產效率。此時，一方面業者透過引進先進技術設備，以機器取代了部分手工製造，提高生產量與穩定性。另一方面，烘焙訓練班（穀研所前身）的成立在人力素質、烘焙技術水準與原物料品質上都有快速的提升，軟硬體齊頭並進，與國際接軌，使台灣邁入工業化與現代化時代，是烘焙業快速成長的階段。

◆成熟期（1970～1999）

　　隨著社會進步與消費者意識的抬頭，經營方向由生產導向轉化為顧

▲現代化工廠大量生產麵包產品

客導向,對產品少量、多樣、精緻與物超所值的消費需求,以及產品與服務兼重的訴求,讓業者面臨產業轉型升級的挑戰,市場飽和也讓同業面臨激烈競爭的紅海,如何提高市場占率、創造營運成長、有效管控營運成本、解決人力流動與短缺,是業者的一大課題。此一階段,現代化經營管理能力決定公司優勝劣敗。而預拌粉、冷凍麵糰與產品代工業的興起,以及大者恆大的經營戰略,如大型化、中央衛星工廠化與連鎖化經營也開始應運而生(徐華強,2000)。

◆蛻變期(2000~)

邁入21世紀,由於週休二日制與外食比例加重的新消費型態,帶動速食餐飲業店、便利商店與複合式烘焙坊快速增加,也相對對提高了烘焙產品在餐飲市場的需求量。消費者導向與品牌行銷的時代已成為市場主流。烘焙產品已成為包裝精美的流行產品,產品生命週期的大幅縮短也讓業者倍感競爭壓力。另一方面,由於消費者強調自然健康的理性思考,使得低脂、低熱量、自然有機取向的烘焙產品需求量大增。另一方面,自台灣加入WTO之後,更面臨國際化競爭,其中不乏來自國外之優質烘焙業者與產品的挑戰,烘焙業已正式進入蛻變期,誰能掌握市場脈動、快速因

應，著眼於市場定位與差異化，提升企業本身的競爭力，不斷滿足消費者
在創新、品質、健康、新鮮、安全和方便上之需求，將是決定企業成功勝
出的關鍵。

二、烘焙業管理

　　管理是「經由他人努力以完成工作的一種活動」，管理制度必須要
訂定一系列實際的執行辦法，來達成企業的目標。將人力、物力、財力、
資訊與科技做最佳的配合，以最佳效率達成最大效益，過去烘焙業強調
「技術」、「品質」掛帥的生產導向經營方式，逐漸無法滿足消費者愈益
提升與求新善變的需求，未來烘焙業應學習現代化經營管理，不但要提升
產品技術與品質，精益求精，也要兼顧顧客滿意與創新價值的重要性，因
此，學習經營管理的相關知識，已成為烘焙業者提升競爭力的不二法門。

(一)烘焙業經營管理的特點

　　只要有人潮聚集的地方就有西點麵包店，每逢喜慶紀念、送往迎來
的場合都會出現美味精緻的糕點，以增添快樂溫馨的氣氛，因此，經營投

▲結婚或生日等喜慶節日常會以蛋糕來慶祝

資烘焙業具有許多的優勢，是深具成長潛力的快樂產業。

◆是經營型態多元化的產業

　　除了傳統西點麵包店前店後廠的經營方式外，近年來出現許多複合式型烘焙坊，結合了其他餐飲美食，抑或如書局、園藝等異業合作，相輔相成並帶動消費者追求美食與休閒的消費文化。便利超商24小時的營運模式，更打破了傳統西點麵包店的營運時間限制與顧客消費習性，而隨著產業專業、細緻化的影響，烘焙專賣店的出現也使得具獨特性、個性化名店成為消費者或報章上爭相報導的傳奇。

◆是本輕利多、日日見金的產業

　　相較於豪華餐廳的寬敞、服務與後勤管理動線與空間的設計規劃與裝潢講究，西點麵包店的投資金額不高，在投資成本上較具彈性，只要能迎合顧客需求，展現創意與建立特色風格，自然能創造附加價值的高利潤。而一般西點麵包產品的毛利率約60～70%，且多採現金交易為主。資金週轉快速，也減少賒欠與被倒債的風險，是投資回收率最快的行業之一。

▲西點烘焙店多採現金交易，資金週轉快速

◆是融合五感行銷，體驗消費的產業

　　烘焙業消費趨勢已走向感官與感性行銷，訴求消費者對於產品飽食感以外的感官刺激與心理因素，業者透過產品試吃、出爐香味、產品美感與精緻包裝的視覺享受，加上專業的產品介紹與故事行銷，營造出五感與體驗的產品消費情境，直接訴求顧客的身心感動。

◆是追求健康、自然的產業

　　隨著生活富裕及飲食精緻化，現代人文明病叢生，使消費者除了滿足食感外，也有了理性的思考及健康、安全飲食的訴求，近年來烘焙業者致力於富含纖維及多穀物的麵包及低糖度的蛋糕烘焙品的開發，以滿足消費者需求為依歸，是烘焙業界持續進步的動力，未來，須更進一步善盡重視顧客健康與食品安全的企業社會責任。近年來，在國外已有許多保健麵包的開發深受消費者喜愛，在台灣，強調有機、自然的健康導向產品也成長快速，因此，追求自然健康的飲食是未來必然的趨勢。

◆是分享喜悅、溫馨快樂的產業

　　除了提供國人每天生活飲食的選擇之外，顧客購買烘焙產品的動機

▲全麥高纖及低糖的麵包目前極受消費者青睞

還包含了重要的節慶與值得紀念的日子，想與親友故舊透過美味糕點的分享與慶祝儀式，來傳達快樂與溫馨的生活記憶與人情味，維繫彼此的感情，烘焙產品已成為分享幸福的代名詞。

(二)烘焙業管理環境趨勢

　　台灣整體環境的變動對於烘焙業發展影響甚鉅，茲就人力供需關係改變、國際競爭的影響、消費市場變化與科技的影響等面向，來討論烘焙業管理環境趨勢。

◆人力供需關係改變

　　由於社會發展迅速，少子化、教育普及、工作多元與就業選擇增加，使得烘焙業人力出現嚴重的供需失調，烘焙技術人才培養不易，產業基層勞工的相對薪資偏低與勞動條件特性，也讓產業流動率偏高，從業人員不足，在生產上也朝向自動化、標準化管理，而預拌粉與冷凍麵糰、預烤焙麵包等生產模式也因此興起。業者應積極朝向勞資互榮互信、視員工為夥伴的人性化管理，以留住公司優秀資產，讓企業得以永續而穩定的經營。

◆國際競爭的影響

　　隨著貿易自由化及加入WTO之後，進口廠商產品與原物料挾其低成本及高品質優勢，大舉入侵國內市場，不論在品牌知名度與價格優勢，對國內烘焙業者產生莫大的威脅，然而，對於本土消費者口味的掌握、食材的運用及市場的瞭解，外國業者未必比本土業者熟悉。所以只要能掌握消費者的喜好及保持產品優良的品質，WTO的影響就可以降到最低，而強調在地深化、嚴選食材與產銷履歷，更是業者化危機為轉機的一大利器。

◆消費市場變化

①休閒新概念與新消費世代

　　由於台灣的外食人口頗多，週休二日制伴隨而來的旅遊餐飲、空廚市場、旅遊區相關的飲食需求也大為提高。複合餐飲與連鎖系統明顯增

▲預拌粉已將烘焙時所需的粉類拌勻，讓烘焙更加方便輕鬆

多，新鮮現烤的烘焙品已成為其最大的賣點，預拌粉、冷凍麵糰及其他速成品將會是商家致勝的利器（陳朝枝，1998）。

新消費世代追求速度與自由，包括對產品的選擇、購買與使用上的彈性與客製化，以及購買上的便利性與無時段限制，造就了網路行銷、電子商務的榮景，特別是在新新人類追求新奇與個性化認同的強烈消費主張下，業者須在目標客群的掌握、產品的創新與顧客服務與關係管理上不斷地精進，確保商機。

②自然、健康與安全的取向

隨著生活富裕及飲食的多元，現代人的文明病叢生，因此，低脂、低卡路里及強調自然有機的食品愈來愈受到重視。近年來強調富含纖維及多穀物的麵包及低糖度的蛋糕有加速成長的趨勢（陳朝枝，1998），也是歐式麵包躍升成為市場新主流的因素之一。

接連不斷的食安風暴，致使消費者對食品的焦慮與不信任感，而對於原物料來源、產品製作過程、產品內容物與包裝的標示，乃至包材的認知與要求日趨嚴苛，強調產銷履歷與產品標示已成為現今業者的基本要求，唯有贏得顧客信任，才能建立店家與顧客的雙贏關係。

▲糖、油、蛋、粉是烘焙常用食材，消費者對其品質及安全愈來愈注重

◆科技的影響

科技的影響不僅使產品的技術與品質面提升，也讓服務的彈性與速度進化。首先，自動化生產技術提升了烘焙產品品質並降低生產成本，冷凍技術讓烘焙製品的便利性、新鮮度以及地域性產生極大的變革。另一方面，透過團購網、物聯網與第三方支付和通路的整合，讓消費者能突破時空限制，隨時、隨地都能以極快的速度買到與取得想吃的美味糕點產品，不論是生產技術抑或是網路科技的快速升級，都會對未來的商業模式產生巨大的影響。

(三)常見的服務模式形態

烘焙產業常見的服務模式可分為虛擬與實體兩大類別，首先，實體麵包店鋪的銷售，產品豐富多樣，陳列設計則會依照當地不同商圈的消費習慣，依其服務接待方式可分為以下三類（張建洪，2002）：

◆面對面式銷售形態

面對面式銷售形態一般以櫃檯陳列為主，一般多屬須冷藏（凍）櫃

▲一般烘焙店的陳列櫃檯

保鮮之精緻產品，例如各式切塊西點蛋糕、慕思類西點、巧克力、果凍點心或生日蛋糕成品等，由服務員為顧客進行「面對面式」服務，是歐美國家糕餅店常見的經營形態，在台灣百貨公司專櫃與坊間專賣店（如手信坊、薔薇派），亦有面對面式服務的經營專賣店。

◆自選式銷售形態

許多大賣場或購物中心（家樂福、大潤發、好市多等），提供讓顧客「易看、易選、易取」的開放式服務，能夠讓顧客在賣場一邊自由參觀選購產品，一邊享受「五感式」服務，滿足顧客沒有外在壓力的購物慾望，因此一般賣場都採取自助的陳列方式。

◆混合式銷售形態

產品銷售的特色，結合對面式與自選式成為「混合式」銷售形態，要求裝修設計師傅依照自己的意願，塑造自己喜愛的麵包店營業風格，一般傳統小型西點麵包店均採用此類銷售型態，即西點蛋糕或生日蛋糕成品採面對面式，麵包、常溫蛋糕及餅乾等則採自選式。

另一方面，虛擬通路是指透過網際網路的交易行為，這種銷售是以消費者透過商家網頁與團購平臺的銷售服務方式，一般以網路重度使用的

▲網路行銷是重要的消費方式

年輕與上班族群為主，顧客不需與店家面對面接觸的交易方式下，選擇產品種類、數量與送達方式，隨著上網人口與科技的進步，虛擬通路將成為未來消費市場主流，能夠提供真實而快速的服務模式將是未來店家顧客滿意與再購意願的決定因素。

(四)台灣烘焙產業未來的經營方向

◆大型自動化生產工廠

生產產品透過直營店或加盟店通路配送，如統一公司、全家便利商店、義美公司等；藉由數量龐大的門市系統與24小時不打烊的便利性服務，改變了以往的麵包消費者的消費模式，業者並以多樣化、精緻感與外觀的特色為努力目標，強調現烤急送與一日二配，使銷售業績持續以15～20%的年成長率攀升，逐漸搶占麵包市場版圖。

◆大型冷凍麵糰生產工廠

生產各種冷凍麵糰，配送至小門市店現烤現賣，藉由麵包的新鮮度和穩定的品質，與大型自動化生產的配送麵包來競爭。此類工廠目前有南僑公司與立基公司，產品種類多屬可有效減低生產人力成本的產品為主，如裹油麵包，即各種口味的丹麥麵包、起酥麵包與塔、派和餅乾等產品。

◆中央工廠生產供應衛星商店經營

由中央工廠使用自動化生產設備與先進技術，提供品質穩定而受消費者喜愛之烘焙產品，產品除了必要的現場整型與烤焙工作外，其餘由中央工廠生產而逕行配送至門市販售。此類典型工廠早期多為日式連鎖麵包店，如山崎麵包、岩島成麵包，其後，亦有台灣企業主追逐仿效此規模經濟的連鎖經營模式，如布列德麵包、聖娜多堡麵包。

◆小資經營麵包店

此類型麵包店是我們消費者平常印象最深刻的「傳統麵包店」，也是目前國內烘焙市場占有率最多的經營模式。在人力短缺與連鎖加盟業者的競爭下，業者必須不斷努力提升產品品質，並邁向精緻化與創意化，研發創新獨特產品作為銷售主力，並朝專賣店模式發展。同時也兼營其他附屬的食品，如特殊名產、冰淇淋、咖啡飲料等。近年來有許多具創新風格與個人特色烘焙名店在市場上形成風潮，如吳寶春、莎士比亞與帕莎蒂娜等。

▲吳寶春麵包店

▲大型賣場的烘焙食品區

◆大型賣場烘焙區的產生

大賣場的烘焙區「現場烤焙，價格低廉」的促銷決策，觸動了消費大眾的購買慾。並藉由機械化與標準化製程，大量生產以降低生產成本，目前其生產主力以麵包為主，但也一直在尋求手工較多的蛋糕、西點產品開發，例如：家樂福、好市多大賣場的西點麵包部門即屬此類。

◆複合式烘焙咖啡廳的興起

國人休閒風氣漸盛與消費者需求的提高，顧客對於兼具美味及視覺享受的糕點產品之喜好與接受度漸高，糕點搭配咖啡的美食組合蔚為風潮，帶動喜來登、亞都麗緻大飯店及星巴克咖啡等複合式咖啡廳的興起。近年來，強調「高品質，低價位」與24小時美食供應的營運模式，成功贏得消費者的青睞，金礦、85度C等本土咖啡、蛋糕烘焙連鎖店的快速竄起，帶給烘焙業另一個新契機。以85度C為例，自2004年創立，短短十年已成長至全球總店數七百餘家，成為跨足兩岸、進軍國際的台灣本土咖啡連鎖品牌。

◆專賣店

　　早期以單獨銷售喜餅品類為主要業務的「專業店」，經營者一般堅持不製作、不銷售其他類產品，如「舊振南」、「吳記餅店」等。專業分工的經營概念逐漸擴及其他麵包類、西點、蛋糕類，甚至伴手禮產品。如推展健康歐式麵包的「馬可先生」、埔里新地標「18度C」巧克力專賣店。近年來「微熱山丘」、「日出」等鳳梨酥專賣店更成為台灣伴手禮奇蹟的鮮明代表。有鑑於手工製作的人力成本高，必須要分工專精化，以規模經濟來提升營運績效，所以「專賣店」將是未來台灣烘焙產業的一種趨勢。

▲馬可先生麵包坊

▲微熱山丘已成為著名的觀光景點

◆其他

　　創業是許多年輕人的夢想，然而，在這種資源分配不均的M行社會下，年輕人往往缺乏資源挹注而成為創業弱勢群。但隨著科技與網路團購的盛行，許多個人工作室與微型創業者應運而生，憑藉創意與熱誠，創造令人讚嘆的特色人氣商品，如「法蘭司維也納牛奶麵包」、「諾貝爾蛋奶凍蛋糕捲」這些小兵立大功的成功故事，也為有志創業者帶來無限希望。

　　由烘焙業近來發展的趨勢，傳統麵包店家數逐漸減少，資料顯示，改良轉型的麵包店、中小型工廠與大型工廠均呈正成長，其中又以改良轉型的麵包店的成長最為快速。由此可知，多角經營與分工將成為烘焙業未來發展趨勢。業者唯有秉持節省成本、省時省工的原則，並尋求差異化與明確定位策略，逐漸轉型以提升企業競爭力。

▲廣受消費者喜愛的奶凍捲是熱銷的明星商品

(五)烘焙業從業人員的未來

◆烘焙業從業人員應具有的條件

　　許多人選擇烘焙業作為終身職業，立志成為一位專業的烘焙人，而專業稱職的烘焙從業人員應具備的條件是什麼，可分為三個層面來說明：

①態度方面

　　首先必須信守服務的承諾，提供顧客好的產品、好的服務與安全的保證；其次是具有責任感，包含對顧客、對同事、對工作以及對自我的尊重；再其次是團隊精神的培養與榮譽感；最後則是必須有任勞任怨與奉獻的心。

②知識方面

　　包含相關機器設備的知識、原物料特性、配方平衡計算與製作原理、各種加工方法與生產流程、食品營養與安全衛生、經營管理等相關知識與國際語言訓練等。

③技術方面

　　包含麵包、蛋糕中西式點心等產品製作技術，以及巧克力、拉糖等工藝技術的不斷精進、技術開發與產品創新能力的培養、官能品評、藝術鑑賞與敏感度訓練、電腦技術的運用等。

◆烘焙業從業人員可從事的工作

進入烘焙業，必須對未來從事生涯規劃，瞭解自己將來要做什麼，需要具備哪些條件，然後不斷地為實現目標而充實自我，成長學習。烘焙從業人員可以從事的工作大致可分為以下幾類：

1. 專業烘焙師：主要以從事烘焙產品製作生產工作為主，包含西點麵包店、國際觀光飯店點心房、咖啡廳、私人俱樂部或聯誼會、西餐廳等內場的西點麵包師父。

2. 大型烘焙食品中央工廠技術人員或研發人員：從事烘焙產品大量生產加工相關工作，如山崎麵包、統一麵包、家樂福、高雄空廚等大型的量販店、麵包西點中央工廠，以及烘焙食品廠之生產製造、品管、研發部門之技術人員。

3. 自行創業者：自行開店當老闆，須具備技術與管理等相關專業能力，一般以西點麵包店、複合式烘焙坊、餐廳居多。

4. 專業烘焙美食刊物、出版社編輯：擔任專業烘焙美食雜誌與刊物的撰稿、翻譯與評論工作。介紹業界趨勢、產品、名店、主廚等，或出版烘焙相關專書籍，如品度、桂魯等出版社。

5. 從事烘焙教育工作者：擔任西點麵包訓練單位或公私立學校烘焙食品教師，教導學生烘焙產品相關的製作技術、理論以及從業人員應具備的正確態度。

6. 烘焙原物料商業務推廣人員：從事引進與推廣國內外烘焙原料、設備、技術與產品資訊等業務推廣工作，通常

▲許多人立志成為一個專業的烘焙人員

分為業務人員與技術人員。

7.前場銷售人員：主要提供顧客產品資訊與良好服務，作為顧客與公司溝通的橋樑，如西點麵包店、飯店、餐廳外場銷售服務人員與行銷、業務人員。

8.烘焙SOHO族：小型或個人工作室，透過電子商務、擔任經營或技術顧問、出版或設立烘焙教室，提供顧客烘焙產品與服務工作（施坤河，2005）。

三、台灣烘焙工業未來營運方向與建議

國內烘焙業必須跳脫傳統的思維與管理，塑造差異化的特色。台灣烘焙工業未來營運方向，提出以下建議（徐華強，2001）：

(一)注意國際動態提升自我實力

必須注意市場的動態，吸收外來資訊，透過進口原料商、機械商、公會及學術單位舉辦的研討講習會，以及參訪國際烘焙展覽（較有名的

▲參加國際烘焙展可獲得許多烘焙新知

有德國的IBA、法國Europain、美國拉斯維加斯烘焙展、日本的MOBAC
展,還有近年來在東南亞崛起的新加坡食品展等)等方式來瞭解烘焙市場
動向與新產品的資訊,對提升營運有很大助益。

(二)充實自己對烘焙產業的知能和管理知識

從事烘焙業不僅必須懂得員工的訓練和營運管理、銷售成本控制與
數字管理、銷售產品的預測、產品ABC管理、顧客服務與售後服務等經
營管理知識。在生產製程方面必須瞭解各種產品特性、機器與設備的功能
和規格、原料的性質與對產品之功能、配方平衡、各種生產流程SOP以及
工廠安全與衛生、GMP、HACCP的認識。

(三)產業規模擴大時可考量代工

基於生產效率與規模經濟的考量,隨著產業的成熟與技術精進,烘
焙業亦逐漸趨向專業分工,特別是在人事工資高昂的衝擊下,在原料供應
上有很多半成品與餡料的生產,不再由自己親自動手做,改由採購品質穩
定之代工產品,或委外製造等較符合經濟效益的因應做法,轉而將重心放
在研發創新產品與核心技術上。

(四)營運多角化

除了原來麵包店的形態外,可兼經營烘焙業相關而單位價格較高的
項目,如會議場酒會點心、兼咖啡飲料、冰品、簡式西式餐飲部與銷售特
殊名產。亦有部分業者配合觀光旅遊之風行將中央工廠轉型為觀光工廠,
運用實地參訪與產品DIY等體驗行銷來擴大市場。

近幾年來台灣烘焙市場已趨飽和,且市場規模小,不易區隔,而面
臨國內外業者的競爭以及國內大型通路業者(便利商店、連鎖店)瓜分市
場的威脅,未來的競爭只會愈來愈激烈,面對成本、通路與市場規模的經
營困境下,提高企業價值是業者無法迴避的選擇。因此,針對未來烘焙業
在思考企業經營價值的提升,提出以下幾點建議:

◆ 不斷研發與創新，來提高附加價值

企業的「價值」是來自生產、行銷、人員、財務每一個層面，舉凡原物料採購、後勤、生產製造、包裝設計，到品牌行銷、商品管理、數據管理、市場區隔、通路銷售與服務的每個環節，若能有效的管理定能為企業創造利潤。但更重要的，是要以「研發與創新」來提高附加價值，雖然會有高成本負擔與風險存在，但面臨變化不斷的消費者需求，產品生命週期縮短，開發創新特殊的產品，針對不同的族群（如銀髮族、肥胖者、糖尿病等不同需求的消費者），設計兼具美味及保健與營養觀念的健康食品來爭取品牌認同，是業者勢在必行的趨勢。

◆ 建立品牌

建立品牌的目的為了和競爭者有所區隔，對消費者而言，品牌代表了產品的差異性以及優良品質。是建立公司與顧客間持續長久關係的象徵。即便是身處激烈競爭的年代，仍然有許多食品業者創造機會，屢締佳績，如「18度C」、「85度C」快速竄起的傳奇故事，讓許多慕名的遊客

▲85度C已是大型咖啡連鎖店

為了購買一種幸福、甜美的感覺而能不遠千里而來，這些吸引力其實就是「品牌」的最佳寫照。

◆創造烘焙業的藍海策略

真正持久的勝利不在競爭中求勝求生存而已，而是開發新的市場空間，創造重大價值，沒有永遠不會飽和的市場，當消費者感到產品不具獨特性時，就容易被放棄。另類思考就是去開發一個新的市場，去發掘「什麼是別人沒做的？」、「什麼是我能做的？」。例如，按日本消費研究可知烘焙業的主要客群來自40～49歲，且女性的消費高於男性，而糕點主要使用的場合是節慶送禮、餐後點心。未來烘焙業是否有機會思考如何開發烘焙產品的創新用途，或改變「糕點非正餐」的消費習慣，或讓不吃點心的消費族群也非吃不可（如「醫食同源」的理念），來擴大市場疆界，擺脫競爭創造價值。

「醫食同源」理念

現代對食品的觀念除了求溫飽之外，更著重在養生保健，因此如何將漢方、養生產品與食品結合起來，發展成健康食品，並具備有調節血脂、改善骨質疏鬆、免疫調節、腸胃道功能改善、調節血糖、護肝等功能，將是食品產業未來發展的重要方向。

參考資料

Wayne Gisslen（1998）。《專業西餐（上冊）》（第三版）。台北市：品度股份有限公司。

主計總處。網址：http://www.dgbas.gov.tw/，取自2016-6-30

吳文星（1991）。《日據時期在台「華僑」研究》，頁1-35。台北市：台灣學生書局。

李澤治（1994）。〈在北方菜餐廳如何點菜〉。《吃在台灣》，頁127。台北市：吃遍中國出版。

周美滿（2001）。「食品工業產業經營與展望」研討會記要，http://www.jcic.org/020504.doc。

林惠敏譯（2013）。Paul Bocuse著。《大師之最保羅‧博庫斯Best of Paul Bocuse》。台北市：大境文化。

施坤河（2004）。〈中國烘焙業的現況與未來發展趨勢〉。《烘焙工業》，116：34-40。

施坤河（2005）。〈烘焙人學習麵包和西點的未來走向〉。《烘焙工業》，120：48-52。

施坤河（2012）。〈由日本烘焙業看台灣烘焙業未來走向〉。《烘焙工業》，166：36-43。

食品工業發展研究所。網址：http://www.firdi.org.tw/index.htm

流通快訊（2002）。透視上半年超商麵包市場大戰。

唐魯孫（1981）。〈中國菜的分布〉。《大雜燴》，頁170。台北市：大地出版社。

唐魯孫（1985）。〈湖南菜與譚廚〉。《天下味》，頁131。台北市：大地出版社。

席代岳譯（2004）。Edward Gibbon著。《羅馬帝國衰亡史》（第一卷）。台北市：聯經出版公司。

徐華強（1998）。〈現階段烘焙工業營運之方向〉。《食品市場資訊》，6：7-8。

徐華強（2000）。〈烘焙工業的回顧與展望（下）〉。《烘焙工業》，92：25-29。

徐華強（2001）。〈21世紀烘焙業轉型的方向與未來展望〉。《烘焙工業》，100：49-51。

國立高雄餐旅大學網站，http://www.nkuht.edu.tw/main.php。

張健洪（2002）。《烘焙業開店經營百科寶典》。北京市：國際文化出版社。

張德譯（1999）。Wayne Gisslen著。《專業西餐（上冊）》（第三版）。台北市：品度股份有限公司。

陳玉玲（1998）。〈1997年麵食烘焙業產值149億元，餅乾為最大宗〉。《食品市場資訊》，6：9-15。

陳國隆（2004）。〈我國穀類加工食品市場發展概況〉。《食品市場資訊》，12：5-8。

陳朝枝（1998）。〈傳統烘焙業現況及未來發展〉。《食品市場資訊》，6：2-6。

陳鈞馨（1990）。〈內行看門道——台北的湘菜〉。《吃在台北》，第8期，頁123-124。

陳曉怡（2015）。〈台灣菜飲食文化與發展〉。國立高雄餐旅大學。

陳麗婷（2006）。〈食品產業——回顧2005展望2006〉。《食品市場資訊》，2：1-16。

曾品滄（2011）。〈從花廳到酒樓：清末至日治初期台灣公共空間的形成與擴展（1895-1911）〉。《中國飲食文化》，7卷1期，頁89-142。

逯耀東（1987）。〈燒豬與掛爐鴨子〉。《祇剩下蛋炒飯》，頁133。台北市：圓神出版。

逯耀東（1988）。〈再走一趟中華路〉。《出門訪古早》，頁107。台北市：東大圖書。

逯耀東（2001）。〈再論牛肉麵〉。《肚大能容——中國飲食文化散記》，頁195-196。台北市：東大書局。

黃中平譯（1999）。〈美國烘焙工業現況〉。《食品市場資訊》，7：0088070042。

楊昭景（2014）。《絕代風華——廣東菜》（電子書）。國立高雄餐旅大學。

楊昭景（2015）。《秀色天香——江浙菜》（電子書）。國立高雄餐旅大學。

楊琅（1960）。〈川菜〉。《自立晚報》，1960年4月1日。

廖漢雄（2005）。〈巧克力在烘焙工業的應用與發展〉。《食品資訊》，208：22-27。

廖慶星、吳東寶、郭珍貝（2006）。《西餐文化與烹調實務》。台北市：品度股份有限公司。

劉志偉（2011）。〈國際農糧體制與國民飲食：戰後台灣面時的政治經濟學〉。《中國飲食文化》，7卷1期，頁1-60。

韓良露（2001）。〈越吃越麻辣〉。《美味之戀》，頁105。台北市：方智出版。

Chapter
06
廚藝技法

謝旭初、王寶惜、徐永鑫

　　烹調技法是廚藝學習中主要的技術層面，也是重要的主軸，本章分別介紹中餐、西餐、烘焙的烹調技法和原理，並以經典的菜餚製作和圖片幫助學習的理解。

第一節　中餐烹調技法

　　中餐烹調的內涵相當複雜，與西餐系統有很大的差別，因為中餐烹調在要求製作色香味俱全的菜餚品質時，一般菜餚香氣的來源除了食材本身的香氣，可再以辛香料等較為強烈的食材予以強化，除此之外，中餐廚藝系統更發展火源與食材、鍋具間交互接觸影響所產生的「火候」理論，使得專業廚藝人員或美食家在進行中餐美食評論時，「鑊氣」所帶出的香味是一項重要的品評指標，所以除了學習中餐烹調技法，火候的瞭解與掌握也是必要學習的一環。影響火候的因素有很多，歸納如下：(1)食材的性質；(2)下鍋的溫度（處理時的溫度）；(3)火力大小；(4)時間長短。烹調時應不時地考量以上四項因素可能產生的影響而進行需要的處理動作，才能使烹調作品達到完美的境界。

▲鑊氣在中餐菜餚中是很重要的香味來源

　　本節中將扼要說明一般食材的處理方法並介紹中餐烹調中常見重要的烹調技法。

一、食材處理方法

　　食材最基本的程序是要經過清洗切配，簡單的菜餚可直接將材料組合直接烹調，如簡單的蒸魚、燉肉；但如果是複雜的烹調程序，則食材就需要經過一些不同的處理階段，而後再匯總組合調理出完整的菜餚。這些重要的處理方法如下所述：

(一)醃漬

　　使食材預先入味。有些食材如肉類或尺寸較粗之食材，快速烹調完成後，菜餚之調味較難透入食材內，咀嚼時較無味道，故將食材預先調味，置放些時間以入味，再做後續處理，例如炸肉排前的醃肉動作。

▲醃漬可讓食材預先入味，使烹調完成的菜餚更加美味

(二)上漿

　　動物性材料以蛋白及太白粉或單獨使用太白粉拌合，以求加熱後外觀透明、口感滑順，並得保持材料之柔嫩，防止並延緩直接受熱之質地快

▲沾粉是中餐烹調常用的技巧之一

速硬化。

(三)拍粉

也稱沾粉，將待炸食材潤濕後，沾上乾粉（麵粉、澱粉、其他粉料或其混合物）的操作。

(四)掛糊

將有助於炸食外層呈現酥黃香脆特質的材料（如蛋、麵粉、澱粉、糯米粉、黃豆粉、發粉、油脂、醋等）加上適量的水分，形成足以裹住食材的裹衣，此操作又稱著衣。

(五)脆漿

臨時配製的粉漿再加入發粉，加了食用油，讓食材具有膨發酥脆度。

(六)過油

用油作為食材熟化處理有兩大分類：一類是過油，即處理後還有後

續烹調；一類是油炸，即處理後馬上出菜供人享用。

(七)過水

以沸水作食材熟化的前處理，過水具有少油、色淺、易操作、少失敗的優點，與中、低溫過油同樣具有外觀透明、口感滑順的好處。

(八)改刀

加熱處理後，個體較大，不符合烹調目的需求時，所施予的切割處理，以適合該烹調作業的刀工需求的操作。

(九)脫生

加熱處理後，除去食物原有的不良氣味，且已達到或越過成熟的臨界點。

(十)爆香

強化菜餚風味的處理手法，為使菜餚成品更具香氣與良好風味，以香辛料在烹調用的鍋內做慢火熬煸的加熱處理，使香辛料的成分萃取出來，融入菜餚中的操作。

▲將辛香料在油鍋中爆香，再加入食材烹調，會使菜餚更增香氣

(十一)勾芡

為增加菜餚的濃度，以各種澱粉（勾芡用即稱太白粉）加水拌勻，分散淋入菜餚中拌勻加熱糊化，益增其濃稠度。

二、烹調傳熱的媒介物和方式

主要傳熱的媒介物為油、水、蒸氣、空氣，這些媒介物透過輻射、傳導或對流的方式促使食材熟化，製作美味的佳餚。

(一)主要傳熱的媒介物

◆油

在烹調領域中，以油作為傳熱的工具，大致上分為過油與油炸兩個部分。過油一般稱走油、拉油、滑油或油發；而油炸是烹調後，即供餐之作品。

因為油溫的變化幅度相當大，不同的材料及不同的烹調目的，所需的油溫皆不同，優秀的廚師應充分領會油溫與食材之間的相關性，相關的烹調法有各種不同油溫的炸、不同油溫的過油、煎及烘（蛋），加熱之後的結果可能會有香、酥、脆、嫩、軟及滑等口感。

▲油是中餐烹調裡常用的傳熱工具

◆水

　　食材的烹調前處理與油相同，也分為過水與水煮，延伸的烹調便有涮、煲、煮、川、汆、灼、滷、燒、燜、熬及燉等，而以水做前處理則有焯、燙、泡（發）及滾等，依時間長短達到不同火候要求的程度。

◆蒸氣

　　利用加熱的水產生水氣，以烹製食物，也包括烹調及加熱前處理，如烹調的蒸（蛋）、蒸燉及乾貨類前處理的復水蒸發等，蒸氣能夠保有較多的食材原味而不流失。但必須特別強調的，蒸法使用不當可能會耗費較多的地球資源，因多數的蒸常以大火力，而其他的烹調法常使用中小火力，而達到與蒸相同的烹調效能。

▲利用水蒸氣使食物變熟，較能保存食材的原味

◆空氣

　　利用空氣為加熱介質，將熱能傳導至食材中，如烹調中的烤及微波。空氣的傳導帶來熱能或波動，使食材內部熟化並散失表層水分，因此

成品能達到外表酥脆、內部軟嫩的口感。

(二)媒介物傳導熱能熟化食材的方式

這些傳熱的介質將由以下列三種途徑傳導熱能熟化食材：

1. 輻射：將熱能以輻射方式傳遞至鍋、盆、盤或食材，如烤箱的傳熱烹調。
2. 傳導：將熱能傳遞至器皿後，由器皿再傳給真正的食物，這就是熱傳導方式。
3. 對流：發生在食材的傳熱媒介物，包含油、水、湯或蒸氣中。油、水、湯或蒸氣藉由熱源而來的溫度，以對流方式使材料成熟。

三、烹調技法的分類

(一)炒

乾鍋少油加熱放入材料（通常經切割或經特殊處理的料），在持續的火力中將材料翻拌均勻熟化，保持菜餚細嫩、軟脆的質地與亮麗的觀感而起鍋。運用熟鐵鍋做以上操作，通常可以得到良好的鑊氣。炒法有時會

▲炒是利用少量油來將食物拌勻加熱至熟的烹調方式

運用勾芡的技巧而達到外觀滑順、口感較柔和的目的，此時是無汁而亮麗的。

典型的炒較多是由生炒到熟，也叫生炒，所費時間稍長，如40秒、1分鐘、2分鐘等，如生炒花枝。

常使用到的有熟炒、爆炒、清炒、合炒、滑炒、拌炒（是指動作而非烹調法）等。

炒的分類

熟炒	將主要的材料（易熟材料及香辛料可除外）皆處理熟或部分熟化後（部分可以改刀），合併入鍋以炒的烹調法完成之，所需的烹調時間可能較一般的炒法短。
爆炒	將主要的材料（易熟材料及香辛料可除外）皆處理熟或部分熟化後（部分可以改刀），合併且瀝去水分，入鍋以炒的烹調法完成之，是炒的烹調法中最快速者，熟炒、合炒、滑炒只要處理手法更細緻、精準且瀝去水分，調味手法更快速，皆是爆炒的實踐，如蔥爆牛肉。
清炒	只有主材料的炒稱之為清炒（可以包含香辛料），如清炒豆苗。
合炒	將材料各別做處理之後，合併拌炒成菜。
滑炒	將食材上漿，過油或過水後，拌炒成菜（可以包含香辛料）。
拌炒	材料的拌合以炒的手法操作，特別稱之為拌炒。只為拌勻，不一定開火。「針對炸得金黃香酥的食材，加上香料、椒鹽，入鍋小火一起拌合均勻著味的操作（本稱原汁焗法）」在此處也稱為拌炒，只是動作的詮釋而非烹調法。

(二)原汁焗法

一般是將食材經熱油過油炸至金黃上色，而外酥脆內軟嫩，倒出炸油後入香料拌合，快速濃縮食材內的原汁，使達到更濃更香的效果，與「烹」法只吸入醬汁略有不同。

(三)煸

亦稱爁，將食材入少許油鍋慢火持續翻炒，至水分逸去將乾呈焦黃（非焦，而是茶黃色），入調味醬汁，再翻炒至汁收味入，費時甚久，成品軟硬之間帶有彈性，甘香柔韌。如乾煸四季豆。

▲乾煸的方式必須將食材的水分炒乾，食材乾爽略呈焦黃

(四)燴

食材經煎、過油、蒸、燙、煮、前處理或洗淨後，接著入鍋拌炒或不拌炒，加適量湯汁，通常與料平齊、滿過料或更多，依烹調目的需求而增減，加熱後融合各料之美，起鍋前以澱粉（太白粉）水勾芡，湯汁呈現半流動狀態，濃度因需求而增減，成品外觀通常是菜餚周邊環繞一圈燴汁，濃度夠的話，菜餚出菜時，表面會有亮麗的光澤，但若有特殊烹調目的時，燴汁圍繞在食材周邊可能僅有少許，類似於滑溜菜，如川菜的魚香茄子，是較少汁液的燴菜代表。

燴法一般分清燴、雜燴、紅燴、黃燴或素燴，手法都一致，只是添加的材料與調味配料不同而已。

燴的分類

清燴	未添加強烈色系的材料，成品醬汁呈清新透明或乳白或灰白色澤。
雜燴	亦稱大燴，添加多種屬性的食材，如禽、畜、蛋或水產類等，通常令人覺得材料豐富，成品醬汁呈灰白、乳白或茶黃色，加醬油較多者可稱紅燴。
紅燴	西式烹調會加番茄配司以呈現紅色系，東方菜餚除了番茄配司，可能還會以醬油、番茄醬、紅麴、紅糟、紅谷米等上色而成紅燴。
黃燴	添加黃色系材料或調味料形成黃色的燴菜。
素燴	只取素料不加葷料的燴菜。

(五)扒

　　食材經煎、過油、蒸、燙、煮、前處理或洗淨後，整齊的排列於鍋內，賦予適量的醬汁，加熱至熟稔，施予濃稠適宜的芡汁，整齊成型，通常味濃質爛，汁液醇濃，亦為半流動狀態，期間可以翻鍋後繼續烹調，烹調結束時將菜餚平移滑至平盤上，最後將菜餚稍做整型，這整個過程是為扒菜。

(六)燜

　　食材經煎、過油、蒸、燙、煮、前處理或洗淨後，接著入鍋拌炒或不拌炒，加適量湯汁，通常與料平齊或滿過料或更多，依烹調目的需求而增減，大火煮滾後改小火上蓋續煮至質軟或爛，汁收而稍濃，花費時間依食材性質而定，以達到烹調目的為原則，通常不勾芡。燜菜起鍋前勾芡，有認為是烒的烹調法。

　　燜與燒烹調手法類似，因兩者成品外觀相似，同是稍具醬汁，有紅、白或黃色，常在上蓋與不上蓋之間斟酌。一般分為紅燜、黃燜與油燜。

▲紅燜的菜餚通常顏色較深且具有光澤

燜的分類

紅燜	紅燜主要是以醬油及糖來調味著色的燜法,當然用其他紅色系列之材料醬料亦可,使菜餚呈茶紅色。
黃燜	黃燜的調味,一般未加入醬油,或只加入少許醬油,再以鹽補足味道,使呈現淡黃色澤。
油燜	特別指食材以過油或油炒的手法處理後續煮的燜法。

(七)溜

　　將食材掛糊、沾粉、上漿,或不掛糊、不沾粉、不上漿,以各種不同油溫層過油或過水處理,或直接蒸、煮、燜至酥黃或焦黃上色或外表透明而口感滑順,與勾了各種不同濃度不同風味的醬芡汁拌合或澆淋之,形成醬汁含量不同、濃度不同具亮麗外觀的烹調法。

　　溜的烹調法以調味內涵而言,除了糖醋味、甜鹹味、酸辣味、麻辣味、茄汁味及水果味等,被特別提出的有醋溜及糟溜等。

　　溜的烹調法以操作手法與芡汁濃度區分,分別有脆溜、焦溜、滑溜、淋溜及軟溜。

▲醋溜土豆絲

溜的分類

脆溜	將食材掛糊或沾粉，以熱油油炸至酥黃上色，入鍋與最濃的調味芡汁（包芡）拌合即起，芡汁均勻裹在食材表面，而不留芡汁於盤底，最具亮麗外觀的賣相，擁有香酥且滑軟的口感。不可拌太久而掉了外層粉皮，由於汁濃，因此不可留太多汁導致黏糊無光。
焦溜	主食材沾澱粉糊，用七八成熱油炸至金黃，然後煸炒並勾芡。
滑溜	將食材上漿過油或過水後，入鍋與濃的調味芡汁（濃度介於包芡與琉璃芡之間）拌合即起，裝盤時只有少許芡汁附著在菜餚與盤底接觸的周邊，並不流出太多而成為燴菜，具有簡潔、收斂、清亮之美。
淋溜	將食材掛糊或沾粉，以熱油油炸至酥黃上色，以製備好的琉璃芡汁澆淋其上，使具備亮麗且似慢慢流下的觀感，到餐桌上剛好流到盤底。
軟溜	材料先以蒸或煮的方式至熟，裝盤後再淋上煮好的溜汁，如西湖醋魚。

(八)煮

　　將食材置於冷水、熱水或沸水中，加熱成熟的烹調法，依食材性質與烹調目的取水或高湯及控制火力，將材料煮至脫生而脆、嫩、軟、柔韌、透、硬、爛及酥，調味而起。

▲煮是利用水為媒介，將食物加熱至熟的烹調方式

(九)炸

依食材性質與烹調目的，運用不同油溫與火力控制，將食材投入多量油中加熱成熟的烹調法。一般炸的烹調目的是令成品具有香、酥、脆的特性，多數是金黃上色的。

▲炸是食材在較多的油中加熱至熟，成品呈金黃色，口感酥脆

炸的分類一般有生炸、清炸、浸炸、淋炸（油淋、油潑）、乾炸、軟炸（含脆炸）、酥炸、鬆炸（高麗炸）、西炸（吉利炸）、包捲炸及紙包炸。

炸的分類

清炸	食材醃製或不醃製，直接投入熱油烹調，即為清炸。若食材為生食，即稱為生炸。
乾炸	將食材沾乾粉，再施予炸的烹調法，即稱為乾炸。
軟炸	將食材掛糊（水粉糊、蛋麵糊、脆漿等）入熱油（約160℃），小火慢炸（量少且不易熟者，依量調整火力大小）至金黃香脆的烹調法。油溫太低易致脫糊脫水；油溫太高或火力太大可能提早上色致無法熟透。
酥炸	將食材蒸、滷到極爛，沾粉或不沾粉，炸至香酥上色、入口即化，即為酥炸（但有人稱「將食材炸至香酥上色」即為酥炸或脆炸，這種說法是不論及前處理的做法，也就是以結果的外觀來描述，此處並不排斥）。

(十)拌

將多種食材全部處理變熟或部分熟化或洗淨減菌，拌合調味料調製的烹調法。依熟度區分有生拌、熟拌、生熟拌；依拌時的溫度區分有涼拌、溫拌、熱拌。

(十一)羹

將食材置於水或高湯中，加熱調味勾芡，使湯汁呈半流動濃稠狀，是為羹的烹調法。燴菜料多汁稍少（與羹相比），羹菜汁多料稍少。

▲羹菜的特色是經過勾芡，湯汁濃稠

(十二)煎

將生的或處理過（醃漬、蒸煮熟、沾粉、糊、漿、包捲）的食材，以少量的油做單平面的加熱，運用鍋溫與油溫讓食材熟化，達到外部上色香酥，內部柔嫩的烹調目的。依烹調原理，全熟型的吃法，煎的食材應不可太厚，以免中心熟了而外層已老化，半生熟在中式烹調中是較不允許的，是因為飲食習慣與肉品的安全控制條件；西式半生熟型的吃法，可為厚的食材，可以吃到食物原始的生脆度，其肉品的安全控制條件是必須講究的。可分為生煎、熟煎、乾煎。

煎的分類

生煎	不沾乾粉，將生鮮食材直接做煎的烹調法。
熟煎	食材本身已熟化，再入鍋煎至表面金黃。
乾煎	沾乾粉而煎的烹調法，稱為乾煎。

▲煎是利用較少的油將食物單面加熱，讓其表面酥香金黃，內部熟而軟嫩

(十三)蒸

運用蒸氣加熱食材，使成品達到鮮嫩、香濃、軟爛、酥化的烹調目的。一般蒸的菜色會運用中大火。例如蒸蛋以大、中、小火蒸的都有，也有大小火力交替運用的，端看個人的操作習慣而定。

(十四)燒

將煎、熱油過油（炸）、燙、蒸或煮過的食材，以適量的醬汁煮至汁收、味入、色上、濃香而口感柔韌（Q）的烹調法。為增黏濃質感，行業中常見起鍋前以勾芡完成之，更添亮麗質感，此時須保留少許適度的醬汁。

常見燒的烹調法有：紅燒、白（黃）燒、軟燒、蔥燒、糟燒及乾燒（含川菜的調味法）。

燒的分類

紅燒	將煎或熱油過油（炸）過的食材，以適量的醬汁煮至汁收、味入、色上、濃香而口感柔韌（Q）的烹調法。主要的調味料是醬油及糖，伴隨的可加具有紅色系的調味料，更增色澤。
白（黃）燒	所添加的醬料不加或少加紅色系的調味料，如醬油。
軟燒	將燙、蒸或煮過的食材，以適量的醬汁煮至汁收、味入、色上、濃香而口感柔韌（Q）的烹調法。
蔥燒	加入多量的蔥當香配料即為蔥燒。
糟燒	加入紅糟或白糟而燒稱為糟燒。
乾燒	特別指川菜的調味法，調味內容為蔥、薑、蒜末、辣豆瓣醬、酒釀、番茄醬、糖及醋等材料。一般將食材過油後，以上述材料烹煮後，勾芡收汁而濃且亮麗。但一般人以將汁燒至將乾（或將乾未乾）為乾燒，缺點是黯淡沒有光澤，故取前義較佳。

▲乾燒明蝦

(十五)烹

　　將食材經熱油煎或炸（過油）至金黃上色而外酥脆內軟嫩，倒出油入醬料拌合食材，以大火速收醬汁即起的烹調法，成品得到濃香酥嫩的效果。可分類為掛糊的炸烹、不掛糊的清烹或急速快炒生蔬的炒烹（如有醬

汁的爆炒）。

(十六)掛霜

　　將食材經油炸至熟後，放入用水熬煮的糖漿中，迅速離火拌開，此時熬煮的糖漿冷卻，溫度降低時又再度結晶，在材料的表面覆上一層漂亮潔白的糖霜的烹調法。成品會達到香甜鬆軟的口感。

(十七)蜜汁

　　運用砂糖、冰糖、蜂蜜和清水煨食材，使成品糖汁濃稠；抑或是將材料先燙或油炸後，再放入砂糖、紅糖、蜂蜜等，製作的醬汁去蒸煮，成品扣在盤上，最後淋上勾芡或熬煮濃厚的糖汁於成品上。

(十八)拔絲

　　將蛋類、水果類、肉類和根莖類的食材，不掛糊的方式油炸，讓其油炸熟透、水分揮發、表面硬，並趁熱放入熬煮好的糖漿中拌勻，藉此使材料表面能牽出糖絲的烹調法，同時達到色澤金黃又明亮、酥脆香甜的特色。

▲蜜汁火腿

(十九)燻

食材先經過第一道手續，包含煮、蒸、滷或炸使其熟化之後，再藉由糖、麵粉、茶葉、米、花椒及八角等各式各項的燻料，放入鍋子中，蓋上鍋蓋，讓燻料受熱時產生的煙來燻製的烹調方法。成品具有煙香、鹹香及附有燻料等特殊風味。

(二十)凍

藉由膠質冷卻之後，使食材變成菜的烹調方法，通常使用豬皮、洋菜粉等含豐富膠質之材料製作凍類菜餚，其材料均需選用無骨之食材，同時可製作鹹品與甜品。此烹調法之菜色有清涼爽口、軟嫩鮮美的風味。

▲凍菜為使用膠質食材與其他食材混合冷卻而成

(二十一)拼（盤）

將冷食的菜材經過各式的刀工拼製的菜餚，其常用的刀工包含打皮、協刀、恆刀、鋸齒刀、縱刀及挖等；另外擺盤則以圍、推、排、疊及擺等方式呈現，通常出現於宴席中的頭盤（冷盤）或水果盤。將拼盤搭配上蔬果雕刻，並同時注意顏色的搭配，將營造出型態各異、色彩動人的佳餚。

▲拼盤通常為宴席中的前菜

(二十二)烤

　　將醃製及調味後的材料，利用熱能輻射直接熟化食材的烹調方式，此烹調法之成品可達到香味濃郁、皮脆肉嫩。常用於動物性食材，如豬肉、雞肉、羊肉、鴨肉、火雞、魚、蝦等。同時是最早出現在中餐的烹調法之一，歷史相當悠久。

▲烤是將食物直接放在火上加熱的烹調方式

(二十三)貼

　　將多種食材藉由調味及加工成型後，掛上蛋粉漿，用油為媒介只煎一面，使成品之煎面達到金黃香脆，其他面軟嫩鮮香的效果。

(二十四)爛

　　將食材先拍乾粉再沾上蛋液後，經由油煎至兩面金黃後，再加入湯汁及調味料煨煮回軟、入味及收汁後，成為一道佳餚。爛為綜合性質的烹調法，同時包含了煎和煨兩種烹調法。

四、菜餚示例

　　烹調技法的運用，表現在菜色中，可謂千變萬化，依每位廚藝工作者會有不同的表達與詮釋，而其所依據者，必是烹調技藝基本功的落實。以下介紹系列烹調法的應用所延伸的烹調作品，供學習參考。

(一)三味仙果

烹調法：掛霜與其延伸烹調

菜餚介紹

▲三味仙果

　　運用烹調法掛霜的基本調味，做出潔白如霜的原味掛霜腰果（糖霜），再運用掛霜的做法延伸烹調，做出了不同的變化，三種口味分別為原味、麻辣味、咖哩味，也可以再加變化，成就更多元的風味變化。

　　腰果經煮過後，小火慢炸至金黃而酥，取出放涼具有鬆脆口感，再以砂糖加熱至150度左右，入糖汁中均勻攪拌至呈現白霜狀。

(二)金銀雙絲

烹調法：炒或爆炒

菜餚介紹

　　金銀雙絲由金鉤魷魚絲蛻變
而來，有著極豐富的內涵。爆炒
最重火候，掌握得恰到好處的火
候是這道菜的精要所在，清新亮
麗、典雅端嫻，鮮鹹適口，清雅
中透露出開陽金鉤的鹹香與青蔬
的鮮甜，堪稱絕配。

▲金銀雙絲

(三)清燉獅子頭

烹調法：燉之直火燉

菜餚介紹

　　精準掌握品質改良的元素與
耐心付出的火候，便可造就這無
可比擬的清燉獅子頭了。蛋白與
澱粉，是細細的絞肉所賴以成就
的元素，精燉五小時，是成功的
關鍵所寄，上湯金黃清澈，獅子
頭吃來綿細滑口。

▲清燉獅子頭

(四)肉絲蒸蛋

烹調法：蒸

菜餚介紹

　　蒸的方法看來簡單，但要蒸
得恰到好處並不容易，食材的組

▲肉絲蒸蛋

織、厚度和時間的掌握是最重要的幾個關鍵，蒸蛋是蒸法中最有技巧性的菜餚，通常要注意蛋水的比例（1：1），較不失敗的做法是蛋水中再加入太白粉水使其易於凝結，另外火候和時間的掌控很重要，必須視蛋水於容器中的厚度而定。學會了蒸出軟滑細緻吹彈得破的蒸蛋，烹調技巧才算進入一個新的境界。

(五)五更腸旺

烹調法：燴或爛煮之炆

菜餚介紹

四川菜餚的特色麻、辣、燙均展現於此菜中，鴨血滑順柔嫩，吸滿湯汁，大腸頭軟而彈牙，嚼勁十足，酸菜微酸，生津化積，搭配鮮蒜苗的清香，這豐富多層次的酸辣鹹麻鮮香，九味中有了八味，台灣人好甜，所以也在此菜餚中添加了糖，柔化了嗆辣的刺激。

▲五更腸旺

(六) 三杯雞

烹調法：紅燒之鐵砂鍋快燒

菜餚介紹

要達到雞肉外層堅實，內部軟嫩，熱油過油是必要的，運用科學原理的烹調，讓堅實外殼封住外層，內部的水液也就不容易汽化而逸失，成就了這外柔韌內軟嫩的烹調功能。中華烹調的三杯料理久享盛名，台灣菜烹調的三杯雞，掌握了九層塔與麻油香這兩樣靈魂，將三杯雞的盛名提升至世界知名的層次。

▲三杯雞

(七)松鼠鮮魚

烹調法：溜之淋溜

菜餚介紹

中華廚藝的刀工，表現在象形的藝術，松鼠鮮魚的剞刀法，算是較高超的刀法，抓起鱗毛賁張的白粉松鼠魚，淋上高熱的炸油，只見鱗毛逆豎，香酥上色，頓時成了金黃的色澤，具備外酥香內細嫩的質地，澆淋上半流動狀態的鮮紅芡汁酸甜滿溢，松鼠鮮魚中華經典名菜也。

▲松鼠鮮魚

(八)拔絲地瓜

烹調法：拔絲之油拔

菜餚介紹

利用糖在不同溫度下所產生的不同結晶變化製做出許多重要名菜，如掛雙腰果、拔絲甘薯、牛軋糖、軟糖等，拔絲可應用於蔬果材料中，最常見於蘋果、芋頭、地瓜、香蕉等。硬化了糖衣的薄層，脆口香甜，裡層地瓜則是溫潤鬆軟，是令人喜愛的一道甜菜。

▲拔絲地瓜

(九)杏酥香蕉蝦

烹調法：中油溫之包捲炸

菜餚介紹

運用中溫油來油炸菜餚，常常需要準確的油溫判定點，更運用了「等待上色」的油炸邏輯，才得使金黃香酥的作品一一呈現。

▲杏酥香蕉蝦

威化香蕉蝦便是代表作中的極品，由於威化紙需用高油溫來炸，但是杏仁角卻需用中溫油來炸，兩者是矛盾的組合，烹調時將白色的那一面也裹上蛋液，即能解決了兩者的矛盾，金黃香酥的威化香蕉蝦由是完成。

(十)蜜酥素香

烹調法：蜜汁之蜜酥

菜餚介紹

素食的發明，不全然是給素食者食用的，其實也是全人類的福音，素食菜單更要顧及均衡的營養設計，蜜酥素香便是標準的均衡飲食。

▲蜜酥素香

用多層次的腐衣和海苔交互疊層，以麵糊連結，捲圓切成半公分的條狀，炸酥後再以糖水蜜汁裹覆，沾覆表層，晶亮鬆香而酥脆。

中餐烹調的技法非常細緻複雜，初學者無法在短時間內瞭解其間差異處，但最重要的是先學習食材刀工、火力掌控、菜餚的精準味道，熟練大方向的烹調技法，久之便能明白其變化，運幄自如。晚近許多廚師都講求快速成菜，採用大火烹調、勾芡收汁起鍋的做法，使得許多需要精製久煨或燒的菜餚，都變得無味；或在比賽中，常見為了美觀，而未能確實將菜餚充分烹煮，使得中菜精華的「味」蕩然無存，這是未來廚藝美食最大的危機。又因坊間充斥著各種方便的加工調味醬，遂也造成教學者或學習者以其入菜提味，殊不知這舉動漸漸剝奪了廚師調製味道的能力，沒有這些現成的調味料，就做不出好吃的菜，這些行為絕對不是美食學習的正路，在此提醒各位學習者！

第二節　西餐烹調技法

烹調是一種藝術，中西方雖然有不同的廚藝技巧或各種不同的烹調方法，然而廚藝是一種吃的美學文化。西餐中的烹調技巧大多有較詳細且精準地記錄其溫度、數量和製作流程，根據這標準流程學習，有助於西餐學習者容易進入此領域，並且瞭解其專業術語。

西餐烹調的分類大致可分三大類，分別為：

1.濕性烹調法（Moist Heat Cooking）。
2.乾性烹調法（Dry Heat Cooking）。
3.真空低溫烹調法（Sous Vide）。

一、濕性烹調法

濕性烹調法意指在烹調過程中，添加液體或蒸氣加熱至食物熟化。最常見的濕性烹調法：過水（Blanching）、煮（Boiling）、低溫煮（Poaching）、蒸（Steaming）、燴（Braising）、燉（Stewing）、油封（Confit）等幾種方法。

(一)過水

　　過水是一種對食材前處理的過程，將食物放入煮沸的水中，常用於短時間汆燙食材，快速取出，並且汆燙後須急速降溫。其目的是幫蔬果抑制酵素定色殺菌，以協助顏色的穩定；去除肉類的雜質及血水，提高成品的品質、增加成品的風味及烹調的速度。所以過水在烹調上是可以節省烹調時間，幫助大量製作，最常見於西餐高湯及蔬菜肉類的前處理。一般在過水處理時最好的比例為1：10，最主要的目的是讓食物受熱均勻。

(二)煮

　　煮是指將食材放入水中烹煮一段時間，其目的是將食材軟化或熟化至可食用階段，一般可分為：

◆冷水煮沸法

　　將食材放入冷水中加熱，常用於高湯的熬煮及澱粉類的烹調。在西餐高湯的製作上，水量需高過於食材，烹煮一定的時間至食材風味釋出、軟化或可食用。例如馬鈴薯的製作，為保持其口感及形狀，在水煮過後再使用其他烹調法。

◆熱水煮沸法

　　水滾之後將食材放入水中一段時間，烹煮至所需的熟度。一般常用此烹調的食材有海鮮、肉類及義大利麵等。

　　除此之外在西餐中，在水沸騰後，將火調至小火，使液體維持在高溫但不沸騰的狀態下持續進行加熱，使用小火慢煮，稱之為不沸騰煮（Simmer）。

▲義大利麵條需用大火熱水煮熟

(三)低溫煮

低溫煮是一種濕性烹調法，利用溫度大約71～82℃的水溫慢慢將食材加熱煮熟，此烹調方法較為溫和，適用於烹調細緻的食材，以維持外觀的完整性及口感，同時液體經由濃縮之後可用來製作醬汁。

低溫烹煮被視為健康烹調的方法，減少油脂遇熱而氧化變質及蛋白質遇熱焦化產生的梅納反應，避免在烹調過程中產生危害人體的致癌物質。

低溫煮又分為兩大類：

◆淺水低溫煮（Shallow Poach）

將軟嫩的食材及調味料部分浸至液體中，經烹煮後這些食材的風味會融入湯汁中，增加更多的香氣，因此烹煮過後的汁液非常適合製作醬汁。例如魚的菜餚，通常用白酒、奶油、紅蔥頭等調味料，在放上魚菲力，蓋上鍋蓋低溫烹煮，烹煮後的汁液經過濃縮調味後，可製作成醬汁。

▲水煮鮭魚片

◆深水低溫煮（Deep Poach）

意指使用蛋、全魚及大塊肉，放入蔬菜、酒及調味料煮成高湯（Court Bouillon）的深鍋中烹煮。因此食材可以吸收高湯的香氣，並具有其風味。

淺水低溫煮及深水低溫煮的最大差別，乃是淺水低溫煮的汁液通常會濃縮製成醬汁，而深水低溫煮的汁液通常會捨棄不用。

(四) 蒸

蒸是指利用水蒸氣將食物加熱至熟，食物在密閉容器中經由水蒸氣的循環使食物均勻受熱，是一種有高效率的濕性烹調法。蒸的烹調法，因食物在烹煮的過程中沒有相互的碰撞，因此較能保存成品的完整性。另外，烹調過程中沒有添加任何的液體稀釋，因此較能保留食物本身的風味。蒸也是一種健康低油的烹調法，並適用於各種不同的食物。

▲清蒸鱈魚

(五)燴

　　燴是指將主食材經由煎或烤至上色，使其產生梅納反應，而有特殊的香氣。再加入液體，小火慢煮，此方法適合於大塊的肉類或帶有結締組織的食材，例如常見的紅酒燴牛肉。在此烹調法需在燜煮時蓋上鍋蓋，通常烹調時間較長。使用導熱性良好的鍋子，以維持溫度的恆定性，例如鑄鐵鍋。此烹調法的另一個好處是烹煮後的汁液會濃縮成具有風味的醬汁，因為所有食材的風味都會保留在汁液裡。若需增加醬汁的顏色，可添加褐色高湯或番茄相關產品；如需稠化醬汁可使用油糊（Roux）使醬汁濃稠。

　　在西餐烹調上，為讓醬汁較為光亮，通常會在熬煮的醬汁中加入一些甜度較高的蔬菜或糖一起熬煮，此方法稱之為上釉（Glazing）。

▲紅燴小牛膝

(六)燉

燉和燴烹調法有其相似性，通常將食材煎至上色，再加入液體慢慢熬煮至食材軟嫩，在烹煮過程中無需蓋上鍋蓋，使其水分慢慢蒸發，讓汁液逐漸濃稠，味道更加濃郁。燉煮也屬於長時間的烹調方法。除此之外，此烹調法又將食材是否煎至上色，分為白燉及紅燉。白燉是將食材放入熱油中，使其表面蛋白質變性凝固尚未變色；紅燉是將食材煎至金黃色，因食材的上色與否，而使汁液呈現不同的顏色，藉此區分兩者醬汁間的不同。

▲紅酒燉牛肉

(七)油封

油封意指將食材直接放入油中，以低溫的方式慢慢加熱，使其水分蒸發散失，以防止食物的腐敗，並延長保存期限，在油封的過程中盡可能維持溫度的恆定，才不會影響食材的口感。一般油封的做法，可使用橄欖油、澄清奶油或食材本身的脂質，例如常見使用橄欖油的油封番茄及使用鴨油的油封鴨。除此之外，在西餐中也有所謂的糖封，以糖代替

油的角色，小火慢煮，藉此延長食物的保存期限。例如糖封洋蔥（Onion Confit），一般先將糖融化成褐色，再放入洋蔥小火慢炒，最後添加少許的醋以增加其風味，適合搭配肉類製品。

二、乾性烹調法

乾性烹調法是指烹調過程中，不添加液體，藉由熱度的傳導將食物加熱至熟。

一般西餐常見的乾性烹調法有以下煎（Pan-fried）、油炸（Deep-fried）、炒（Sautéing）、烘烤（Baking）、爐烤（Roasting）、炙燒（Grilling）和焗烤（Gratinating）。

(一)煎

煎的烹調法是將食材置於170～180℃的平底鍋中，以少量的油，藉由油的熱傳導烹調食材，可以將食材原有的汁液保留在食材當中。藉由此種烹調方法，食材表面會較易上色及脆，通常使用此種烹調法時，食材體積會較為小。使用此烹調法，多會選用鐵鍋或是厚度較高的平底鍋，以幫助穩定溫度，使食材上色均勻。

▲煎漢堡肉

(二)油炸

　　油炸的烹調法是將食材藉由油的熱傳導烹調食材，油炸時油量通常需高過於食材，不同於煎只需要少量的油。通常食材的體積大小需一致，以確保食材在一樣的時間內全部炸熟。另外，使用此烹調法前，需事先調味或醃漬完成，再裹覆麵粉和麵衣，使其達到香、酥及脆的效果。使用油炸烹調法時，若烹煮易熟的食材，會以較高的溫度油炸，例如海鮮、蔬菜。反之，烹煮體積較大或不易熟的食材，則會以較低的溫度長時間油炸，以避免內生外熟的現象產生，例如肉類。

　　一般可分為開放式油炸法及密閉式油炸法，開放式油炸法是指將食物放入炸鍋中將食物炸熟，而密閉式油炸法通常使用壓力式油炸機，除了油的熱度還加上壓力以節省烹調的時間，因此肉類能保有較多的肉汁。

　　此油炸烹調法常用於大量製備的團體膳食的菜餚供應，以及食物前製備的處理。由於油炸烹調法藉由油脂加熱，而產生特有的香氣，是一般大眾最容易接受的烹調法之一。

▲油炸魚肉和薯條

(三)炒

Sauté源自於法文的跳躍之意，藉由用少量的油並不停地翻動食材，使其均勻受熱至熟。此烹調法通常需要較高的溫度，其烹調順序為先加熱鍋子至適當的熱度，再倒入油及食材翻炒，最重要的特點乃是，添加食材的順序需依照食材的特性以及易熟度的不同放入，以確保成品的口感、顏色及香氣。

▲炒什錦海鮮

(四)烘烤

此烹調法是乾熱法中利用空氣熱對流烹煮食物，在西餐中通常將食物放入密閉的烤箱中，將烤箱溫度調至食物所需要的烹調溫度，以時間來控制食物所需要的熟度以及供應時間。烘烤通常意指西點麵包及蛋糕的製作，例如烤布蕾、泡芙等甜點製作。

▲鳳梨蝦仁鹹派

(五)爐烤

　　爐烤是指食材經調味後加入油脂，放入密閉烤爐中利用熱空氣對流烹煮食物，食材的體積越大，烹調時間越長。此烹調方法與烘烤極為相似，其最大的差異乃是肉類在爐烤前必須大火煎至上色，再放入烤爐中，以鎖住食物的水分。通常大塊肉、家禽類會搭配調味蔬菜一起放入烤箱中烤至風味釋出。爐烤前烤爐需預熱，體積越大的肉類需要低溫長時間的烘烤，反之，體積較小的食材需高溫快速爐烤。除此之外，燻烤（Smoke Roasting）也被概括在乾性烹調法，此烹調法藉由煙賦予食材特殊的煙燻風味。

▲烤雞

(六)炙燒

炙燒是一種常用於西餐主菜的烹調方法,屬於開放性的烹調法,將食材置於烤架上加熱,而烙上特有的紋路,並藉由火的溫度直接將食物炙熟,常見如BBQ。此外,此烹調方式因加熱過程中油脂釋出滴入火焰中而有煙的產生,於是賦予食物特有的炭烤味。此烹調方法要特別注意,避免烹調過程中造成起火的危險。

▲燒烤牛排

(七)焗烤

焗烤是指將已經烹調完成的成品,放上醬汁或者是起司,經由火焰或高溫使其表面上色,使其增加菜餚不同的口感及色澤,此烹調方式被西餐視為快速著色的方法。例如:披薩、千層麵放上起司直接接觸加熱以提供特有的香味及口感。另外如烤布蕾表面的焦糖也是焗烤的一種,以明火在糖上加熱的焦化作用,賦予烤布蕾不同的口感及風味。

▲焗烤龍蝦

三、真空低溫烹調法

　　真空低溫烹調法源自法國1970年代中期，將食材及調味料放入塑膠袋並真空，再放入50～80℃的水溫中長時間低溫烹煮，此為一種新式的烹調法，其優點如下：

(一)保留食材本身汁液

　　在高溫烹煮過程中，食材本身水分容易滲出，造成食材的乾澀，若是使用低溫真空烹調法，由於溫度恆定，能保留其食材本身的水分，並且吸收其調味料。

(二)減少耗損

　　在真空低溫烹調中，食材中的水分及油脂並沒有大量流失而減少食材的重量，同時食材的形狀及重量得以保存，因此可達到避免損耗及減少成本。

(三)一致性及完整性

食物的顏色及口感往往是烹調中最難控制的一環，藉由低溫及壓力的真空烹調可控制食材的不同熟度，再加上有真空袋的保護，其外觀形狀可維持。

(四)增加風味及營養

由於調味料及食材是在真空的環境下一起烹煮，因此食材較能夠入味。在低溫的烹調下，對營養素的破壞較少，也因為塑膠袋的阻隔，減少氧化的現象，以保留食材的新鮮及營養。

(五)衛生與安全

在真空的狀態下，可抑制細菌及微生物的生長，保持在一定的生菌數，同時降低細菌的活性以避免食物的腐敗。

(六)大量製作

在西餐的製備上較為繁複，所需的時間也比較冗長，若以此烹調法烹煮，可以縮短供餐時的烹調時間，以利出餐。低溫烹調法非常適合用來烹煮大型結締組織的食材，此烹調法特別適用於大塊肉的熟度控制。

▲真空烹調法

根據以上的優點，真空低溫烹調可防止食材的腐敗、幫助食材吸收調味料的風味、保持成品外觀的完整性及可以大量的前製備。此烹調法的最大好處是可以控制肉質的軟嫩程度，一般的烹調法由於烹調溫度較難掌控，容易過度烹煮造成食材的變硬及乾澀，影響食物的美味及口感。

第三節　烘焙技法

麵包和蛋糕製作是一門科學、藝術與技術結合的工藝，學習者需要有要求精準的科學態度，卻還要具備藝術創作的能力，當然最後需要熟練靈巧的技術將所有的構思轉化為實際的作品，在這單元先介紹麵包蛋糕初步的製作過程、應備的知能，讓學習者能獲得全面性的觀念。

一、麵包製作技術與基本流程

(一)麵包的製作方法

麵包的製作方式依其攪拌與發酵之不同，常見的方法有：直接法（Straight Dough Method）、快速直接法（No Time Dough Method）、中種法（Sponge Dough Method），此外，還有中種法衍生之酸種法（Sourdough Method）與液種法（Liquid Sponge Method）（表6-1）。

表6-1　常見麵包製作法的攪拌方式比較

	直接法	快速直接法	中種法	
材料加入	所有材料（後油法）	所有材料（後油法）	中種麵糰 麵粉（60～85%）、水（麵粉的55～60%）、酵母、改良劑、酵素	主麵糰 所有材料（後油法）
攪拌次數	一次攪拌	一次攪拌	二次攪拌	
攪拌階段	擴展完成	攪拌稍過	中種麵糰：拌勻	主麵糰：擴展完成
麵糰溫度	26～28℃	30～32℃	中種麵糰：25℃	主麵糰：28℃

註：「後油法」係指油脂於麵糰攪拌至表面光滑、麵筋擴展後再加入，以避免影響麵粉吸水性與麵包組織有大孔洞產生。

◆直接法

　　將配方中所有的乾性材料（如麵粉、糖、鹽、酵母）置於攪拌缸中，以低速混合後，再加入濕性材料（如水、冰、蛋）一起攪拌至麵糰稍具光滑後，再加入油脂攪拌至擴展完全，進行基本發酵後，再整形製作成各種麵包，為控制發酵速率與品質，攪拌後麵糰理想溫度應維持在26～28℃。高溫會使發酵速率加快，但相對地導致發酵作用不易控制，使最後發酵麵糰缺乏穩定性。

　　直接法常用於小型麵包店，其優點為：(1)一次攪拌，可節省操作時間、人力、設備與能源；(2)步驟簡單，不須太大空間完成發酵；(3)減少發酵損耗。缺點則為：(1)對發酵與製作時程較缺乏彈性；(2)麵包較易老化。

◆快速直接法

　　製作方法快速簡便，通常攪拌後只經短暫發酵即開始分割整形，配方中會增加酵母用量，並透過提高麵糰溫度（30～32℃），大幅減少了發酵時間，攪拌時間亦較直接法延長以軟化麵筋，幫助發酵。有時也會添加氧化劑。

▲即溶酵母（左）與新鮮酵母（右）

▲直接法是將所有乾性材料混合後，加入所有的濕性材料一起攪拌，步驟較簡單

◆ **中種法**

　　中種法配方中材料分成「中種麵糰」與「主麵糰」兩部分；第一次攪拌取配方中60～85％的麵粉和55～60％的水，以及酵母、改良劑攪拌至水分吸收成糰即可，其外表粗糙而均勻，稱為「中種麵糰」（sponge dough）或發酵種，攪拌後麵糰理想溫度應維持在23～25℃。第二次攪拌則是將基本發酵後體積膨脹4～5倍的中種麵糰，加入「主麵糰」（main dough）中繼續攪拌至麵筋充分擴展。攪拌完成的麵糰經過短時間（20～30分鐘）的延續發酵後即可做分割整形處理。

　　中種法的主要優點在於：(1)可減少酵母用量外，膨脹力強，成品體積較大；(2)經長時間的發酵，使內部組織柔軟細緻；(3)可以減短最後發酵時間，同時可以降低攪拌操作不良所導致的失敗；(4)水合時間充足，麵糰保水能力較強，有延緩老化作用；(5)具有獨特的風味與香氣。缺點則是多了一次的攪拌工作，操作較複雜，操作時間也較長。

　　中種麵糰有較多的時間來進行發酵，因此酵母及改良劑的用量可以較直接法減少20％，中種法依麵糰的配方比例及中種麵糰的發酵時間不同，也分為快速中種法、標準中種法、長時間中種法等。

▲中種法要先製作中種麵糰，待中種麵糰體積膨脹4～5倍，再加入主麵糰中

中種麵糰及主麵糰的比例（80/20，70/30，65/35，60/40）判斷依據為：

1.麵粉筋度愈高，中種麵糰部分麵粉比例愈多。

2.需要發酵時間愈長，則主麵糰麵粉比例愈多。

中種法的水分調整

水分多的麵糰發酵較快，但麵糰膨脹體積不及水分少的麵糰。需要發酵時間愈長，則中種麵糰水分比例愈少（麵粉比例也愈少），同時可減少糖的用量1%。

◆酸種法

　　俗稱天然酵母或老麵，主要是指將穀類、果實花或葉子來培養天然酵母取代商業酵母，直接與水和麵粉或裸麥粉混合成麵糰，利用天然酵母菌和乳酸菌培養形成。以老麵製作的麵包會產生獨特酸酸的口味與香氣，其風味會因為菌種的種類、數量和環境條件（如溫度）而有所差異。酸麵種依原料來源大致可分為果實種（如葡萄、蘋果和水蜜桃等水果）、穀物種（如酸種、酒種和啤酒花種）兩大類。酸麵糰對麵包的主要功能在於：(1)提供特殊風味；(2)提升營養價值；(3)延長保存期限；(4)改善麵包質地。但由於天然酵母的發酵力弱，製作時失敗率較高，較適合小型麵包店採用。

▲使用酸種法必須先培養老麵

◆液種法

　　液種法通常以麵粉、水和少量的酵母混合而成膏狀的「液種」，經過長時間的發酵達到充分水合狀態。將麵粉、水、酵母等材料混合，在24～28℃下，使酵母於發酵槽中快速滋長，再與配方中其他材料攪拌後，經短時間延續發酵後即可作分割整形。液種法為中種法的一種，做法與中種

法類似,主要不同點在於液種法配方中水量會較麵粉多。

　　液種法適用於大型的麵包工廠,因此方法需要有較大的存放設備以供發酵,且一般發酵完成的液種以輸送管將液漿輸出,若有較大的空間、完善的設備及充足的人力較適合採用液種法。使用液種法優點有:(1)縮短攪拌時間;(2)具較佳水合效果;(3)麵糰具有老麵風味;(4)麵糰具有較佳延展性及彈性。

(二)麵包製作流程

◆攪拌(Mixing)

　　將麵粉與適當的水混合揉捻形成具延展性與彈性麵糰的過程稱為攪拌。

①攪拌的主要功能

　　攪拌的主要功能如下:

1. 將水與各種原料混合均勻:經由機械作用,讓配方中所有原料得以均勻混合分布於麵糰每一個部分。
2. 麵筋(gluten)的形成:攪拌能破壞麵粉表面韌膜,使水分充分濕潤麵粉中心與乾麵粉顆粒,使蛋白質對水的吸收速率加快。麵粉中的成分,醇溶蛋白(gliadin)與麥穀蛋白(glutenin),吸水後相互作用,形成具連續性網狀結構的麵筋,將氣體包容於麵糰中產生氣泡核(gas cells),對後續發酵與烤焙有重要的影響。因而加速形成麵筋。
3. 拌入空氣於麵糰中,形成氣泡核:麵糰於攪拌過程所拌入的空氣形成的氣室大小對於麵糰發酵作用及烤焙後麵包品質有重要的影響。

②麵糰攪拌過程

　　麵糰攪拌過程共可分為六個階段:

1. 拾起階段(Pick-up stage):或稱混合階段(Blending stage),

▲混合階段

▲捲起階段

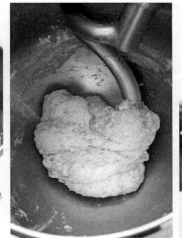
▲擴展階段

▲攪拌完成階段

　　乾、濕性材料混合，麵糰濕黏粗糙呈糊狀，尚無延展性。

2.捲起階段（Clean-up stage）：因機械作用，麵粉吸水開始形成麵糰，表面乾燥不再黏附缸邊，麵糰仍粗硬黏手，缺乏彈性，用手拉麵糰時易斷裂。

3.擴展階段（Initial development stage）：麵糰表面乾燥而具有光澤，具延展性，麵筋已開始擴展，用手拉時會破裂。

4.完成階段（Development stage）：麵糰充分擴展，表面細膩光滑不黏手，具良好的延展性；用手撐開麵糰形成薄膜，均勻而不破裂。

5.攪拌過度階段（Let-down stage）：麵筋開始斷裂，麵糰表面會再度出現含水的光澤，麵糰又開始黏附缸邊且黏手。

6.麵筋斷裂階段（Break-down stage）：麵筋斷裂，麵糰水化且鬆弛無力，流向缸底，成為流體狀。

　　麵糰若過度攪拌會失去應有的彈性，仔細觀察攪拌不同階段的特徵，將有助於實際操作過程中，準確地判斷與控制麵糰的品質（**表 6-2**）。

表6-2　麵糰攪拌不當對麵包品質的影響

攪拌程度	麵糰部分	麵包品質	
		內部組織	外部組織
攪拌不足	・麵糰結實 ・表面不光亮 ・缺乏延展性	・內部粗糙多顆粒 ・易老化	・體積小 ・外皮厚 ・顏色不均無光澤
攪拌過度	・濕黏有小氣泡 ・質軟而缺乏彈性	・粗糙、多大孔洞	・體積小扁平 ・表面有小氣泡

③影響麵糰攪拌的因素

　　由於後續的麵糰發酵作用會受到麵筋結構、麵糰溫度的影響，正確的攪拌操作判斷，是確保麵包品質的第一步。所以瞭解哪些因素會影響麵糰攪拌，有助於正確地判斷與控制麵糰性質。

1. 攪拌速度：攪拌速度與麵筋擴展的現象成正比；攪拌速度快，則麵糰捲起時間短。

2. 溫度：麵糰的溫度低，捲起時間短，應延長擴展時間。溫度太高捲起時間長，失去良好的延展性，麵筋濕脆。

3. 麵糰量：攪拌機動能一定，麵糰太少或太多都會影響攪拌時間，攪拌量應不低於攪拌缸容量的1/3，並以不超過攪拌缸容量的1/2為原則。

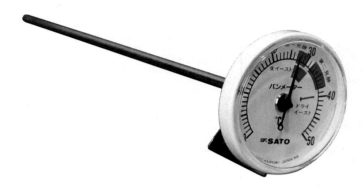

▲利用專用溫度計來協助控制麵糰的溫度

4.配方材料：配方的柔性材料較多，則捲起時間與攪拌時間會延長。

例如糖與油脂：

(1)糖：因溶解度大，會迅速吸收水分，而影響蛋白質吸水及麵筋形成，製作甜麵包時糖量增加較多，加水量應減少。

(2)油脂：會阻礙蛋白質吸水及麵筋形成，油脂量高會影響麵糰的彈性與延展性。一般高油量麵包製作會將油脂加入時間延後至麵筋擴展時再加入。

(3)鹽：鹽具有強化麵筋結構的功能，因此在延長攪拌時間的同時，也同時提升的安定性。麵包製程中，有所謂的「後鹽法」，就是在攪拌完成的4～5分鐘前，才添加食鹽，可將攪拌時間縮短20%。

(4)水分：水分少會縮短麵糰捲起時間，麵粉水合不完全，形成麵筋較脆，如用高速攪拌易斷裂。水分過多則麵筋擴展較慢。

◆基本發酵（Basic Fermentation）

①發酵對麵包的主要功能

發酵對麵包的主要功能有三：

1.產生大量的氣體，使麵糰體積膨脹：酵母含有轉化酶（Invertase），可將砂糖轉化成可發酵的單醣（葡萄糖及果醣），酵母則直接利用單醣進行新陳代謝，產生二氧化碳氣體與酒精。

2.改變麵包質地：發酵產生之二氧化碳氣體，不僅使麵糰膨脹、變得柔軟且延展性好，而且麵筋將氣體保留在麵糰中，形成許多小氣室，使麵包的組織變得鬆軟質輕而有孔洞。

3.產生麵包風味：麵包發酵的過程中的生化反應產生各種複雜化學芳香物質，包含有機酸、醇類、醛類、酮類、酯類等化合物，使麵包具有誘人的芳香風味。

基本發酵是否完成可以從麵糰外觀來判斷，直接發酵的麵糰膨脹體

積至原來麵糰的2倍大，以手指沾水輕壓麵糰，感覺內部充滿氣體，手指指痕不會消失，捏取一部分麵糰向上拉起，如麵糰感覺很有彈性表示麵筋尚未軟化，反之，如輕拉即斷表示發酵完成。中種麵糰則須至原來體積的4～5倍大（麵糰溫度為23～25℃），表面乾燥，中間微微下陷收縮，用手輕拉會斷裂，但內部有整齊的網狀結構。

②影響發酵程度的因素

發酵的程度適宜與否對麵包的品質影響很大（**表**6-3），而發酵作用會受到溫度、水分、pH值、滲透壓與酵母營養劑等因素的影響。

▲基本發酵

　　1.溫度的控制：一般而言，酵母適宜生長繁殖的溫度是20～27℃之間，而適合發酵作用的溫度為27～38℃之間，其最適溫度為35℃。溫度越高，酵母的產氣量越高，發酵的速度越快。實驗證明26～28℃時，酵母的產氣能力大，發酵耐力強，產氣量比較均勻，麵糰的持氣能力比較大；當溫度超過30℃時，酵母的量大，產氣的速度過快，不利於麵糰的持氣和充分膨脹，也容易引起麵糰中其他雜菌的繁殖而影響麵包的品質。

麵糰攪拌後須有足夠時間讓酵母作用產生氣體，通常基本發酵室的濕度為75%，溫度控制在26～28℃，主要原因為：

1.利於酵母的生長。

2.避免溫度過高致雜菌生長繁殖，不利麵包品質。

3.麵糰的外皮不會因乾燥而結皮。

2.水分：麵糰中含水量減少，會因而降低麵糰滲透壓，提高酵母的產氣能力。

3.pH值：烘焙酵母的發酵能力在pH4～6間仍能維持正常，當pH值小於4的條件下發酵速率會急遽下降。

4.滲透壓：若外在溶質（糖、鹽）量過高時，酵母產氣量會因麵糰滲透壓的增加而降低。一般而言，配方中糖的含量在大於8%，以及鹽的含量大於2%時，都會對發酵產生抑制作用。

5.酵母營養劑：加入酵母營養劑能促進酵母生長，增加產氣量，主要成分包含氨鹽、鈣鹽、礦物質與維生素。

表6-3　發酵程度適宜與否對麵包的品質影響

發酵程度	內部組織		外部組織
	組織	風味／口感／顏色	
發酵不足	組織粗糙、氣孔壁厚、孔動大小不均勻	風味平淡香氣不足、口感不佳	麵包體積小、麵包表皮顏色較深
正常發酵	組織均勻、呈半透明、富有彈性	具有酒香和脂香、口感鬆軟	麵包體積大
發酵過度	氣孔壁薄、有大氣孔、不均勻	酸味強	易塌陷、收縮變形、表皮顏色淺、有皺紋、無光澤

◆翻麵（Punching）

直接法製程中為控制基本發酵速度必須將麵糰中二氧化碳釋出，減少體積，再重新發酵，增加氣體之保留性。第一次翻麵時間約在總發酵時間之1/2～2/3。

◆延續發酵（Floor Time）

為中種發酵法主麵糰攪拌後之鬆弛步驟，在分割滾圓操作之前發酵10～30分鐘，酵母再發酵產生氣體，麵筋形成更穩定的結構，具有良好的柔軟性與彈性，增加保氣性。發酵的條件為：溫度28～30℃，濕度75～80%。

◆分割（Dividing）

分割是以機械或切麵刀將完成基本發酵的麵糰，依照製作產品的種類項目切割成一定重量的麵糰。由於麵糰在分割操作時發酵作用仍在進行，所以應避免分割時間過長導致麵糰溫度上升與發酵不當而影響產品品質與造成不必要的損耗。

▲利用電子秤將麵糰平均分割成需要的重量

◆滾圓（Rounding）

滾圓主要目的為：(1)重新整合因分割而被打斷的麵筋組織，增進內部組織顆粒的細緻度；(2)把分割而形狀不一的麵糰，滾圓成一定的球狀，以方便後續整型工作；(3)分割後的麵糰表面有黏性，將其滾入內部，使麵糰表面形成光滑的薄膜外皮。同時，光滑表皮的另一個好處是使操作時不黏手，如此烤焙出來的麵包也較美觀；(4)防止酵母產生的二氧化碳外洩。滾圓時將小麵糰置於手掌虎口下，手指內彎成弧狀圈住麵糰輕輕搓動，其要訣是手心不使力，僅與桌面接觸之手指產生摩擦力，促使麵糰表面光滑。但是需注意滾圓太多次，表皮將破裂而粗糙。麵糰滾圓應儘量減少撒粉，以避免表皮不易黏結影響產品外觀。

▲小麵糰可利用單手來滾圓，大麵糰則利用雙手來滾圓

◆中間發酵（Intermediate Proofing）

　　介於麵糰滾圓與整形之間的操作，滾圓後的麵糰由於失去氣體而變得結實缺乏彈性，不易整形，需經過8～15分鐘的再發酵，以重新產生氣體恢復應有的延展性與柔軟性，以利後續的整形操作，此段過程稱為中間發酵，中間發酵的條件為：溫度28～30℃，濕度：75～80%。

▲滾圓後的麵糰要進行中間發酵，讓麵糰恢復
　延展性與柔軟性

◆整形（Moulding）

　　麵糰經過中間發酵後，變得柔軟而有延展性，此時將麵糰經由機器或手工製作成一定之形狀，良好的整形操作會使麵糰氣體被擠出，重新發酵讓內部組織更細緻均勻。麵糰整形亦應儘量減少撒粉，以避免內部組織與表皮顏色不佳。

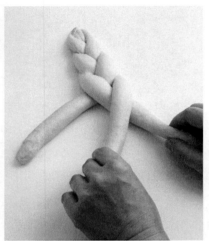

▲整形後的麵糰可做成自己想要的形狀

◆裝盤（Panning）

　　整形完之麵糰應視烤盤大小、麵糰體積適當分配裝盤。

◆最後發酵（Final Proofing）

　　整形後的麵糰氣體流失而缺乏彈性，最後發酵能夠產生更多的二氧化碳氣體讓麵糰膨脹，而且使麵筋恢復彈性，確保麵包於烤焙時有良好的烤焙彈性、體積和組織。此段過程稱為最後發酵，最後發酵的條件為：溫度35～38℃，濕度：80～85%。

◆烘焙（Baking）

　　烘焙的功能是讓麵糰受熱膨脹，變成結構鬆軟、易於消化、外觀金黃且具有特殊香氣的麵包。麵糰受熱乃是透過烤爐內經傳導、對流、輻射

等途徑的熱量傳遞而來，受熱的過程中，麵糰中的澱粉、酵母、水分等各種成分發生複雜的化學反應，使麵包體積、顏色、組織、香味等各方面產生變化，直至麵包烤熟。

①烘焙三階段

　　烘焙可分為三個階段，分別為：(1)起始階段：麵包體積膨脹；(2)麵包定型階段：澱粉糊化及蛋白質固化作用；(3)烘烤完成階段：糖與胺基酸產生梅納反應，賦予麵包金黃色外觀及香氣。

1.起始階段：此階段屬「爐內膨脹」（oven spring）階段，受熱內部溫度由40℃逐漸上升至60℃止，烤焙初期為酵母快速作用產生二氧化碳的時期，加上麵包體內原有的氣體膨脹，導致麵包體積快速增加，這一過程決定著成品麵包的外形是否飽滿和體積膨大鬆軟的程度。此階段大約占烘焙總時間的25～30%。

2.麵包定型階段：當麵糰外皮足以抗衡內壓，麵糰內溫達到68～80℃就會停止爐內膨脹。麵糰中的澱粉開始受熱膨脹，分子結構發生變化，澱粉進行糊化反應，填充在已經凝固的麵筋網路中，麵包基本成熟定型。這一階段時間大概要占35～40%烘焙時間。

▲烘烤一段時間後，麵包已經膨脹定型

3.烘烤完成階段：麵包內溫度逐漸升高至95～100℃時，各成分發生各種化學反應，產生棕紅色焦糖化（caramelization）與梅納反應（Maillard reaction）褐變產物和特殊的香味，麵包此時烤焙完全。此階段大約占麵包烘焙總時間的30～40%。

②烘焙溫度、溼度與時間的控制

烤焙必須同時考慮溫度、溼度與時間三項因素的配合，以達有效的烤焙控制。

1.烘焙溫度的控制：烘焙的溫度直接影響麵包成品的組織結構。麵包的烘烤爐溫一般在180～230℃。實際上麵包的烘焙溫度須根據麵包的種類、大小、成分等多種因素的不同而調整，沒有絕對化的標準。烘焙過程也不必然是一個恆溫的過程，不同的階段可以設定不同的烘焙溫度。如在烘焙起始階段，一般採用較低溫度，有利於水分的蒸發和麵包體積的膨脹；麵包定型階段，採用高溫，有利於麵包的定型和成熟；烘焙完成階段，採用相對較低的溫度，既可使表面上色和增加香氣，又不至於將麵包烤焦。

2.烘焙溼度的控制：麵包的烘焙溼度對麵包的品質有重要的影響。適宜的溼度可以使麵包表皮溼潤，這樣麵包表皮不會過早形成，麵包

烘焙溫度的影響

溫度太低──則因烤焙時間延長而導致體積太大且內部組織粗糙、表皮較厚，烘焙損耗亦較高。此外，因梅納與焦糖化反應不足，造成表皮顏色較淡。

溫度太高──則因麵包表皮太早形成限制了膨脹作用，導致麵包體積較小且表皮顏色較深，麵包內部組織不佳，溼黏無味。

▲烘焙過程中要隨時注意烘焙溫度與時間

　　體積充分膨脹，同時，蒸氣遇冷在麵包表面凝結成濕潤水層，烘焙
過程中會產生具光澤的表皮。溼度太低，麵包表面結皮太快易導致
破裂。溼度太高，麵包表面硬脆，通常如硬式麵包、裸麥麵包需要
溼度較高，在烤焙時需大量蒸氣。

3.烘焙時間的控制：烘焙時間受烘焙溫度、麵包的大小、麵包種類、
模具和烤盤、麵包形狀等因素的影響，時間從25～60分鐘不等。一
般而言，麵包大小、烤焙時間與爐溫呈反比。**表6-4**為各類常見麵
包的烤焙條件參考。

表6-4　各類麵包的烤焙

土司			硬式麵包			甜麵包　餐包		
產品／重量	溫度（℃）	時間（分）	產品／重量	溫度（℃）	時間（分）	產品／重量	溫度（℃）	時間（分）
帶蓋白土司（1,000克）	上火210℃下火210℃	40	法國魔杖麵包（350克）	上火230℃下火230℃	30	橄欖形餐包（40克）	上火180℃下火180℃	10
山形五峰白土司（900克）	上火210℃下火210℃	35	裸麥麵包（250克）	上火230℃下火230℃	25	墨西哥麵包（90克）	上火180℃下火180℃	15
葡萄乾土司（520克）	上火210℃下火210℃	30	菲律賓麵包（70克）	上火200℃下火160℃	15	漢堡麵包（80克）	上火180℃下火180℃	15

◆冷卻（Cooling）

為維持麵包品質，烤焙後的麵包在進行切片與包裝前必須經適當時間的冷卻，若冷卻控制不當，產品溫度過高時，水蒸氣凝結致使麵包容易發霉。而過度冷卻則麵包水分損失太多，麵包乾硬、品質不佳。一般冷卻至麵包中心溫度為32℃時切片包裝最適宜。

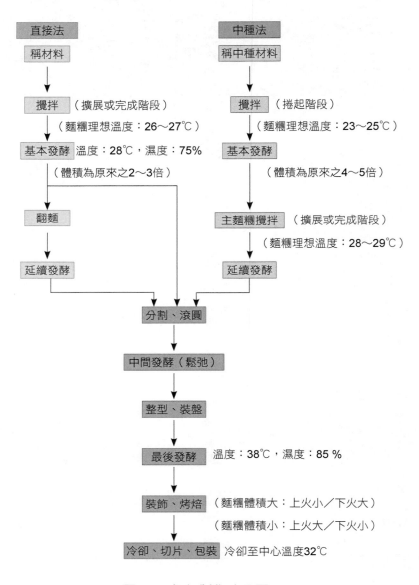

圖6-1　麵包製作流程圖

(三)麵包品質鑑定

麵包品質鑑定的意義在於透過較明確項目與標準來判定麵包的好壞，一般分為產品的內部評分與外部評分，分別占70%與30%，說明如下：

◆產品內部評分

產品內部評分分為顆粒、內部顏色、香味、味道與組織結構五項，簡述如下：

1. 顆粒：一般以顆粒大小一致為宜，無不規則孔洞。顆粒與攪拌麵筋形成網狀結構的控制有很大的關係，攪拌不當則顆粒粗糙且無彈性，冷卻切片時會有很多碎屑產生。
2. 內部顏色：應呈乳黃色並具有光澤，如有呈灰暗無光澤，可能是攪拌操作不當，粗糙顆粒陰影所致。
3. 香味：應具有麵包香味，主要來自發酵產生之酒精、酯類化合物，以及烤焙時焦糖化作用產生的香味。若有強烈的酸味，表示發酵過度或麵糰溫度太高。

▲剛出爐的麵包有著極迷人的香味

4.味道：麵包的口感應爽口、鹹甜適中，且應避免烤焙不足導致黏牙現象。

5.組織結構：內部結構應均勻、孔洞均勻一致。麵包組織的好壞與攪拌、發酵操作與麵粉品質有關。

◆產品外部評分

產品外部評分分為體積、表皮顏色、外表式樣、烤焙均勻程度與表皮質地五項，簡述如下：

1.體積：麵包體積應為重量的4～6倍，膨脹程度過與不及對麵包品質皆不利，體積過大，內部孔洞多而過度鬆軟，體積太小，內部組織粗糙而緊密。

2.表皮顏色：表皮顏色來自適當的烤焙與配方材料的影響，一般以悅色之金黃色為宜，爐溫過高、糖量太多與基本發酵時間不足均可能導致麵包顏色過深，而烤焙溫度太低、糖量太少與基本發酵時間不足則會讓麵包顏色過淺。

3.外表式樣：麵包的外表式樣應完整而沒有破裂、稜角或高低不平的現象，若攪拌、發酵與整形偏差，均容易導致麵包式樣不良。

4.烤焙均勻程度：麵包烤焙均勻度受爐溫控制的影響，爐火太大導致產品焦黑，爐火不足則會造成產品未烤熟，黏牙而有生麵糰味。

5.表皮質地：表皮質地以薄而軟為宜，柔性材料用量與發酵時間控制對質地影響很大。若配方中油、糖用量少，或發酵時間不足，則表皮太厚而硬。發酵不足則表皮顏色灰白、皮薄易碎。

▲烤焙均勻的麵包顏色金黃誘人，烤焙過度則變焦黑

(四)麵包製作配方參考

圓頂奶油吐司（直接法）　　　數量：4條

配方：

	材料	百分比	重量（g）	製程
主麵糰	高筋麵粉	100	1241	攪拌麵糰→基本發酵→分割→滾圓→鬆弛→整形→放入烤模→最後發酵→表面噴水→烤焙→出爐
	糖	10	124	
	鹽	1	12	
	冰水	48	596	
	全蛋	15	186	
	即溶酵母	1	12	
	奶粉	4	50	
	改良劑（S-5000）	1	12	
	奶油	10	124	
	合計	190	2,358	

		預計	實際	照片
條件	主麵糰溫度	26℃		
	基本發酵時間	90min		
	分割麵糰重量	560g		
	分割麵糰個數	4		
	最後發酵時間	50min		
	上爐火溫度	150℃		
	下爐火溫度	200℃		
	烤焙時間	30min		
時間	攪拌開始時間			
	放入基本發酵箱			
	分割及滾圓時間			
	開始整形時間			
	放入最後發酵箱			
	入爐時間			
	出爐時間			
特殊器具	12兩烤模	4	個	
	桿麵棍	1	根	
	切麵刀	1	把	
	噴水器	1	把	

圓頂葡萄乾土司（中種法）

數量：  4 條

配方：

	材料	百分比	重量（g）	製程
中種麵糰	高筋麵粉	70	749	
	水	63	472	
	即溶酵母	1	11	
主麵糰	高筋麵粉	30	321	攪拌中種麵糰→基本發酵→第二次攪拌→延續發酵→分割→滾圓→鬆弛→整形→放入烤模→最後發酵（約九分滿）→表面噴水→烤焙→出爐
	糖	10	107	
	鹽	1	11	
	冰水	48	42	
	全蛋	15	161	
	即溶酵母	0.3	3	
	奶粉	4	43	
	改良劑（S-5000）	1	11	
	酥油	10	107	
	葡萄乾	30	321	
	合計	220.3	2,358	

		預計	實際	照片
條件	中種麵糰溫度	25℃		
	主麵糰溫度	28℃		
	基本發酵時間	90min		
	延續發酵時間	30min		
	分割麵糰重量	560g		
	分割麵糰個數	4		
	最後發酵時間	50min		
	上爐火溫度	150℃		
	下爐火溫度	200℃		
	烤焙時間	30min		
時間	攪拌開始時間			
	放入基本發酵箱			
	第二次攪拌時間			
	延續發酵時間			
	分割及滾圓時間			
	開始成形時間			
	放入最後發酵箱			
	入爐時間			
特殊器具	12兩烤模	4	個	
	桿麵棍	1	根	
	切麵刀	1	把	
	噴水器	1	把	

紅豆甜麵包（直接法）

配方：

材料		百分比	重量（g）	製程
主麵糰	高筋麵粉	85	486	攪拌麵糰→基本發酵→分割→滾圓→鬆弛→包餡→放入平烤盤→最後發酵→表面刷蛋水→烤焙→出爐
	低筋麵粉	15	86	
	糖	20	114	
	鹽	1	6	
	冰水	52	297	
	全蛋	10	57	
	即溶酵母	1	6	
	奶粉	4	23	
	改良劑（S-5000）	1	6	
	酥油	10	57	
	合計	199	1137	
	紅豆餡（內餡）		540	

		預計	實際	照片
條件	主麵糰溫度	26℃		
	基本發酵時間	90min		
	分割麵糰重量	60g		
	分割麵糰個數	18		
	最後發酵時間	50min		
	上爐火溫度	205℃		
	下爐火溫度	180℃		
	烤焙時間	12min		
時間	攪拌開始時間			
	放入基本發酵箱			
	分割及滾圓時間			
	開始整形時間			
	放入最後發酵箱			
	入爐時間			
	出爐時間			
特殊器具	包餡匙	1	根	
	桿麵棍	1	根	
	切麵刀	1	把	
	噴水器	1	把	

二、蛋糕製作技術與基本流程

　　蛋糕有細緻鬆軟口感與濃郁的香味，而且具多樣化、華麗誘人的裝飾，是一種廣受大眾喜愛的甜食，更是節慶活動不可或缺的應景商品，良好品質的西點蛋糕能為烘焙店創造更高的利潤。因此，西點蛋糕製作是烘焙從業人員所必備的基礎能力之一。

(一)蛋糕的分類

　　蛋糕依其原料之不同、攪拌方式及麵糊性質，分為以下三大類：

◆ 麵糊類蛋糕

　　麵糊類蛋糕（Batter Type Cake）是含油脂量較高的產品。一般使用固體油製作，經由攪拌時拌入大量空氣，使麵糊在烤焙時產生膨大作用。配方中，若油脂含量在60%以上時，不使用膨大劑；油脂含量低於60%以下，需要使用泡打粉或蘇打粉，幫助蛋糕膨脹。麵糊類蛋糕使用的主要材料有麵粉、糖、油脂、蛋、奶水等。產品如大理石蛋糕、水果蛋糕與奶油棋格蛋糕等。

　　麵糊類蛋糕依油脂含量多寡可分為：

1. 輕奶油蛋糕：油脂含量最低30%，最高60%，泡打粉使用量為4～6%，糖量大於100%，鹽2～3%左右，蛋則隨著糖量增加而增加，例如白奶油蛋糕、魔鬼蛋糕等。
2. 重奶油蛋糕：油脂含量最低40%，最高100%，泡打粉使用量0～2%，糖量小於或等於100%，例如白色重奶油蛋糕、大理石蛋糕等。
3. 水果蛋糕：最常使用以乾果類製作，例如葡萄乾、黑棗、松子、核桃仁，或以新鮮水果裝飾。

◆ 乳沫類蛋糕

　　乳沫類蛋糕（Foam Type Cake）又稱清蛋糕。乳沫類蛋糕主要材料有

▲大理石蛋糕

麵粉、糖、蛋奶水等。配方中幾乎不含任何油脂,而以蛋白起泡性,在攪拌中拌入大量空氣,受熱膨大,不需加任何膨大劑。依照不同的性質可分蛋白類,如天使蛋糕和全蛋式的海綿蛋糕。

　　乳沫類蛋糕可分為以下兩種:

1. 蛋白類(Meringue Type Cake):如天使蛋糕,以蛋白打發為主體,蛋白約為45〜48%,低筋麵粉15〜17%,細砂糖為35〜36%,鹽0.4%,塔塔粉0.6%。此類成品,顏色潔白,產品鬆軟,配方內不使用任何油脂和化學膨大劑,內部顏色潔白,又名天使蛋糕。

2. 海綿類(Sponge Type Cake):使用全蛋或蛋黃加全蛋混合,作為蛋糕組織和膨大來源,可添加液體油,因為組織鬆軟而有彈性,所以又稱海綿蛋糕。

▲抹茶豆沙蛋糕捲

◆戚風類蛋糕

　　戚風類蛋糕（Chiffon Cake）是麵糊類和乳沫類蛋糕的綜合。製作過程分兩部分，蛋白和配方一部分打發後加入麵糊攪拌，成品鬆軟，使用的油脂以沙拉油為主。戚風類蛋糕最大的特點是水分含量高，組織鬆軟，很受消費大眾喜愛，可作為鮮奶油蛋糕或冰淇淋蛋糕等。

▲鮮奶油蛋糕

(二)蛋糕的攪拌方式

◆麵糊類蛋糕

　　麵糊類蛋糕主要是利用攪拌時拌入大量的空氣使蛋糕在烤焙時膨大，因此攪拌的方式非常重要，這類蛋糕的攪拌有以下幾種：

①糖油拌合法

　　糖油拌合法（Cream Method）是指將配方中的糖和油先放在一起攪拌至絨毛狀，再慢慢加入蛋液，打至均勻光滑，最後加入奶水和泡打粉、麵粉（先過篩）交替加入混合物內，用較慢的速度攪拌到全部的材料有光澤即可，不要攪拌過度。

▲糖油拌合法首先是指將糖和油先放在一起攪拌，再慢慢加入蛋液攪打均勻，最後加入麵粉攪拌

②兩步拌合法

　　兩步拌合法（Two-stage Method）即是在攪拌時，分兩階段操作。第一是將配方中的麵粉、油、泡打粉、奶粉、糖和水，先用慢速攪拌，再改用中速，然後加入蛋液攪拌至光滑均勻即可。

③麵粉油脂拌合法

　　麵粉油脂拌合法（Blending Method）所製成的蛋糕體積較大，口感更鬆軟，但配方中油脂含量需在60％以上，避免麵糊出筋，效果不佳。

　　麵粉油脂拌合法是先將配方中的泡打粉和麵粉先過篩，再和油脂混合攪拌，拌到蓬鬆，再加糖和鹽繼續加入攪拌，避免拌得太久，最後將奶水慢慢加進，加入蛋糕攪拌至糖溶解即可。

▲麵粉油脂拌合法是先將麵粉過篩和油脂混合攪拌，再加入其他材料拌勻

④直接法

直接法（Straight Method）是將配方中所有的材料加在一起攪拌，使用此種方法製備麵糊類蛋糕，必須減少泡打粉的用量，所使用的麵粉需為低筋粉，這樣攪拌效果才會良好。

麵糊類蛋糕製作最常用的攪拌方式是麵粉油脂拌合法和糖油拌合法。這兩種方法攪拌時能拌入大量的空氣，使蛋糕體積較

▲直接法是將所有的材料加在一起攪拌

大，而且口感鬆軟，組織細膩，在市場的銷售上占有一席之地。

◆乳沫類蛋糕

①天使蛋糕

天使蛋糕攪拌時須注意以下一些規則：

1.蛋白所使用的容器，不可以沾到油脂，用鋼絲攪拌器，以中速攪拌至濕性發泡，避免使用高速，因為高速會使蛋白中的卵球蛋白和卵黏蛋白因機械作用，無法拌合足夠的空氣，失去彈性，影響蛋糕的膨脹。

2.加糖時，先加入蛋白量三分之二的糖、鹽和塔塔粉，以中速打至濕性起泡。如果所加入的糖太多，形成蛋白太過堅硬，在加入乾性材料時更形乾燥。如果加入的糖量太少，蛋白的體積不夠。

3.麵粉和剩下的糖，一起過篩，用低速加入打好的蛋白中，不要攪拌太久，以免影響成品。

4.蛋白的溫度，會影響到拌合的空氣，溫度太高，蛋白稀薄，無法將已打入的空氣加以保留；溫度太低則拌入的空氣不足。所以蛋白的

▲天使蛋糕

温度要保持在17～22℃較理想，才會有理想的品質。

②海綿蛋糕

基本的海綿蛋糕材料僅有麵粉、鹽、糖和蛋四種，攪拌時分兩種方法：

1.新鮮的蛋是製作海綿蛋糕很重要材料的條件，採用全蛋攪拌時，應先加溫，以加速蛋的起泡性，因為蛋的溫度影響烤焙時蛋糕的組織和體積，其他類的蛋糕不要先加熱而且要維持在22℃左右，以達最佳狀態。首先將蛋和糖先加熱，需不停攪拌，以維持溫度平均，用鋼絲攪拌器以中速打至乳白色，以手

▲海綿蛋糕

指勾起時不會很快的從手指上往下掉，如果有發粉，可和麵粉一起過篩，以慢速倒入打發的蛋糖中，最後加入液體材料即可。若有加入油脂，以慢速攪拌，不可以攪拌太久，否則將影響蛋糕體積。

2. 以蛋白、蛋黃分開製作的海綿蛋糕，蛋白所裝的容器，不可有任何的油脂，蛋白先打至濕性起泡，加入蛋白量三分之二的糖打至乾性發泡。蛋黃加糖（蛋黃可先加溫）用鋼絲攪拌器打至乳黃色，添加沙拉油時，一邊攪拌一邊加入，需和蛋黃完全融合，才可繼續加入，否則蛋黃的乳化性將被破壞。取三分之一的蛋白霜和蛋黃拌勻，再將剩餘的蛋白加入拌勻，加入過篩麵粉，最後加入液體材料即可。

◆ 戚風類蛋糕

戚風類蛋糕最容易失敗的地方，是烤焙後發生嚴重的收縮，無論製作麵糊類或乳沫類部分，或兩者混合時須格外注意操作的方式，避免失敗。

1. 製備麵糊或蛋白類時，兩者可以一起操作，若因為設備、人工不夠時，應將麵糊部分先攪拌好備用。

2. 戚風蛋糕攪拌的方式和天使蛋糕相似，但是蛋白應攪拌至乾性發泡。先將蛋白加入塔塔粉打至濕性發泡，加入糖繼續以中速打到乾性發泡，過與不及都會影響成品，如果蛋白攪拌不足和麵糊混合時會形成許多小氣泡，麵糊會很稀薄，打得太久，和麵糊混合不易，缺乏伸展性及膨脹功能，也同樣會使麵糊混合時愈來愈稀，破壞成品。

3. 攪拌麵糊部分可先將麵粉、泡打粉（或蘇打粉）混合過篩，再加入糖、鹽混勻，加入液體材料如沙拉油、蛋黃、奶水或果汁，這樣就很容易可以混合均勻。為了避免麵粉形成塊狀，可先加入沙拉油，再加麵粉，最後加上蛋黃和奶水，以打蛋器將麵糊拌勻即可。

4. 混合兩者時，可先取三分之一的蛋白霜加入麵糊中以手拌勻（攪拌時手掌面朝上，將麵糊由上往下輕輕拌勻，不可以太用力或拌太

久）。再倒入剩餘三分之二的蛋白中混合均勻即可，攪拌過度將使麵糊愈來愈稀，膨脹情形不良，導致成品失敗。

5.攪拌完成裝入模型中，只要六分滿即可。因為戚風類蛋糕膨脹的來源有蛋白、發粉，在烤焙時膨脹性很大，太多的麵糊烤焙時容易流出。所使用的模型不可抹油，麵糊才能黏附烤盤力量，支撐蛋糕膨脹。

▲戚風蛋糕

▲戚風蛋糕做法是將打發之蛋白霜，取1/3部分加入蛋黃麵糊混合拌勻，再倒入剩餘2/3蛋白霜中，混合均勻即成戚風麵糊

(三)蛋糕製作配方參考

奶油大理石蛋糕（Butter Marble Cake）　數量：4 條

材料名稱	百分比	重量（g）
1.低筋麵粉	100	573
2.泡打粉	1.5	9
3.奶油	45	258
4.雪白油	50	286
5.糖粉	92	527
6.全蛋	83	476
7.奶粉	2.5	14
8.水	14	80
合計	388	2,223
※巧克力麵糊		
1.白麵糊	100	321
2.可可粉	6	19
3.小蘇打	0.4	1
4.熱水	9	29
合計	115.4	370

使用器具		注意事項	
烤盤紙	每組兩張	成品數量	4
西點刀		麵糊重量	500g
剪刀		最終比重	0.80～0.85
		操作損耗	10%
		烘焙溫度	上火180℃
			下火160℃
		烘焙時間	35分鐘以上

公式：產品重量×數量÷烘焙損耗÷烘焙百分比合計＝倍數

將原料百分比×倍數＝材料重量

※製作每個麵糊重500公克長條型奶油大理石蛋糕4條：

白麵糊（500g×4個）÷0.9÷388＝5.73倍

巧克力麵糊500÷6＝83.33　83.33×4÷0.9÷115.4＝3.21倍

製作過程及方法

1.秤取材料。

2.將奶油、雪白油、鹽及粉類攪拌均勻後以中速打發，時間約10分鐘，麵糊呈乳白色。

3.再將蛋糖混合液分次加入麵糊中。

4.將奶水慢慢倒入，使混合均勻，即成白麵糊。

5.將溫水與過篩之可可粉拌勻，加入小蘇打拌勻成可可液，取白麵糊和可可液混合，即成為巧克力麵糊。

6.將白麵糊與巧克力麵糊以5：1輕拌。

7.將麵糊填入模型內，秤重。

8.烤焙：上火180℃／下火160℃烤焙，表面著色關上火，烤焙時間約35分鐘以上。

9.脫模、冷卻。

10.成品。

香草天使蛋糕（Vanilla Angle Cake）　數量：2個

材料名稱	百分比	重量（g）
1.蛋白	49	599
2.塔塔粉	0.6	7
3.鹽	0.4	5
4.細砂糖	32	391
5.草精	少許	0.5
6.低筋粉	18	220
合計	100	1,222

使用器具		注意事項	
8吋圓空心模		成品數量	2
平口擠花嘴		麵糊重量	550g
擠花袋		操作損耗	10%
軟刮板		烘焙溫度	上火190℃
			下火150℃
		烘焙時間	25～30分鐘

製作過程及方法

1.秤取材料。

2.將蛋白、塔塔粉及鹽打至濕性發泡。

3.分次加入細砂糖攪拌至微偏硬之濕性發泡。

4.加入過篩好的低筋麵粉、香草粉攪拌均勻。

5.將天使蛋糕分裝至模型中，分成2個，每個麵糊重550g。

6.抹平。

7.烤焙，以上火190℃，下火150℃烤焙，表面著色關上火，烤到熟，烘焙時間約25～30分鐘。

8.冷卻。

9.成品。

海綿蛋糕（Sponge Cake）

數量：3個

材料名稱	百分比	重量（g）
1.全蛋	140	554
2.蛋黃	28	111
3.細砂糖	150	594
4.鹽	3	12
5.奶水	20	79
6.香草精	少許	0.5
7.泡打粉（BP）	2	8
8.低筋粉	100	396
9.沙拉油	20	79
合計	463	1,833

使用器具		注意事項	
8吋實心模		成品數量	3
軟刮板		麵糊重量	550g
白報紙		操作損耗	10%
		最終比重	0.40～0.45
		烘焙溫度	上火180℃
			下火160℃
		烘焙時間	30分鐘以上

製作過程及方法
1.秤取材料。
2.將蛋黃及全蛋攪拌均勻。
3.加入細砂糖及鹽以快速打發。
4.加入過篩好的低筋麵粉攪拌均勻。
5.加入奶水及沙拉油輕輕攪拌均勻，抹平。
6.將海綿蛋糕麵糊分裝至模型中，分3個，每個麵糊重550g。
7.烤焙溫度，上火180℃下火160℃，時間30分鐘以上。
8.出爐。
9.冷卻，脫模。
10.成品。

巧克力戚風捲（Chocolate Chiffon Swiss Roll） 數量：2 條

材料名稱	百分比	重量（g）
1.可可粉	20	71
2.熱水	80	282
3.蛋黃	50	177
4.細砂糖	100	353
5.鹽	2	7
6.奶水	28	99
7.沙拉油	48	169
8.低筋麵粉	100	353
9.蘇打粉	2.5	9
10.泡打粉（BP）	1	4
11.蛋白	100	353
12.細砂糖	66	233
13.塔塔粉	0.5	2
合計	589	2,111
草莓果醬（內餡）		200

使用器具	注意事項	
烤盤紙	成品數量	2
軟刮板	裝盤重量	2,000
西點刀	操作損耗	5%
	烤焙溫度	上火190℃
		下火140℃
	烤焙時間	25～30分鐘

製作過程及方法

1.秤取材料。

2.將烤盤紙鋪在烤盤上。

3.溫水及過篩可可粉拌勻加入沙拉油、細砂糖、鹽拌勻，再加入過篩之低筋麵粉、奶粉、泡打粉及小蘇打拌勻，最後加入蛋黃成巧克力蛋黃麵糊。

4.蛋白及塔塔粉加入攪拌缸中快速攪拌，打至蛋白泡沫成形後加入細砂糖用中速攪拌至蛋白溼性發泡發泡即可。

5.將巧克力蛋黃麵糊與蛋白霜混合拌勻。

6.將麵糊倒入烤盤，抹平。

7.烤焙：溫度上火190℃／下火140℃，約10～15分鐘表面著色後將溫度調為上火0℃／下火140℃燜熟，總時間約25～30分鐘。

8.出爐，輕敲，出烤盤，冷卻。

9.使用抹刀將奶油抹於撕去白報紙的蛋糕底部，捲成蛋糕捲。

10.用尺測量30cm，切成兩條。

11.成品。

參考資料

中華民國國家標準CNS3899，N5120。經濟部標準檢驗局。

王宣一、韓良露、嚴長壽（2009）。《總裁上菜——嚴長壽與亞都的飲食美學》。台北市：積木文化。

王意雯、許雅琄、傅以中（2007）。〈酸老麵／天然酵母麵包〉。《烘焙工業》，2007年9月，第135期，頁50-57。

周敦懿（2010）。《西餐餐烹調實習I》。台北市：龍騰出版社。

林惠敏譯（2013）。Joel Robuchon著。《大師之最喬埃‧侯布雄Best of Joel Robuchon》。台北市：大境文化。

林惠敏譯（2013）。Paul Bocuse著。《大師之最保羅‧博庫斯Best of Paul Bocuse》。台北市：大境文化。

徐華強、黃登訓、謝健一、顧德材（1992）。《實用麵包製作技術》。中華穀類食品工業技術研究所。

徐華強、黃登訓、顧德材（1996）。《蛋糕與西點》。中華穀類食品工業技術研究所。

許妍飛譯（2012）。Ferran Adria著。《廚神的家常菜：傳奇餐廳的尋常料理，令人驚豔的好滋味》。台北市：朱雀文化。

程玉潔（2015）。《西餐基礎烹調：烹調方法與原理》。台北市：五南出版社。

葉承欽（2011）。《西餐烹調實習（上）》（2th）。台中市：廣懋圖書股份有限公司出版。

潘昱均譯（2011）。Michael Ruhlman著。《完美廚藝全書：一看就懂的1000個料理關鍵字》。台北市：繆思出版有限公司。

盧訓、張惠琴、徐永鑫、曾素芬、蘇翠娟、葉連德、周小鈴、黃士禮、劉發勇、許燕斌、蔡銘、陳立真、黃湞鈺、饒家麟、李志勇、張明旭、廖漢雄（2008）。《烘焙學》。台中市：華格那出版社。

The Culinary Institute of America (CIA) (2012). *The Professional Chef* (9th edition). John Wiley & Sons Inc.

The Culinary Institute of America, 2006. *The Professional Chef* (8th edition). New York: Van Nostrand Reinhold.

Wayne Gisslen, 2005. *Professional Baking* (4th edition). Hoboken: Wiley & Sons, Inc.

Chapter
07
重要產品介紹

陳正忠、陳嘉謨、屠國城

　　不論中餐、西餐或烘焙領域中，必然有許多重要的或知名的傳統菜餚和產品，這些產品是每一位初學者應該瞭解及學習的基礎內容，因為這些產品能夠流傳下來的原因就是經過歷史或市場上的洗禮，甚至已經深化為日常飲食生活中重要的物質。

第一節　中餐重要菜餚介紹

　　在台灣飲食文化的發展歷史中，有許多來自於中國八大菜系的重要菜餚，這些菜餚也是各菜系餐館或餐廳的經典菜色，特選出十三道過去在台灣的餐飲發展歷史中知名的、具特色或有文化意義的菜餚供大家參考。

一、無錫排骨（浙菜）

　　無錫排骨是江浙菜中一道以地區為名的菜餚，江蘇無錫人深信好肉出在好骨頭邊，選用油花分布均勻的肋排製作，這道菜餚已經有上百年的歷史，它的特色是骨酥肉爛、汁濃味美、色澤醬紅、鹹中帶甜，不只成為當地人最喜愛的菜色，也成為眾人喜愛的江浙名菜。

二、寧式炒鱔糊

　　一般都以鰻魚做菜，鱔魚做菜較不多見，台灣有知名的生炒鱔魚，強調爽脆的口感和酸甜帶點燴汁的口味，非常引人喜愛。江浙菜中也有知名的炒鱔糊，做工非常講究，以茶油爆、豬油炒，最後一壺熱騰騰的麻油在客人面前澆淋在鱔片上，發出吱吱的響聲，又稱為「響油鱔糊」。配料上也非常講究多元，與台式炒鱔魚有很大的不同，內容有韭黃（春季時或以春筍絲代替）、香菜、蒜泥、薑絲，現在因講究健康少油，所以便減少了澆淋的麻油分量，爆炒時也以蔬菜油取代豬油，風味和香氣自然無法與傳統做法相提並論了！

無錫排骨

材料	數量／單位	材料	數量／單位	材料	數量／單位
五花子排	1.2kg				
蔥	30g	紅穀米	10g		
老薑	50g				
八角	5g				
芥蘭	300g				

調味料	數量／單位	調味料	數量／單位	調味料	數量／單位
醬油	60g	水	2.5kg	白胡椒粉	5g
太白粉	20g	老抽	30g	香油	10g
紹興酒	30g	冰糖	60g		

烹調程序

1. 子排切段，醃拌醬油、太白粉後，入油鍋與蔥、薑一起炸香備用。
2. 鍋中入油爆香薑片，放入醬油、紹興酒炒香。
3. 加入水、冰糖、白胡椒粉、老抽與子排，上蓋燜約1～1.5小時，用太白粉水、香油收汁。
4. 芥蘭汆燙與子排入盤即可。

▲無錫排骨

寧式炒鱔糊

材料	數量／單位	材料	數量／單位	材料	數量／單位
熟鱔魚	240g	薑末	10g		
真空筍	70g	蒜末	20g		
韭黃	120g				
嫩薑絲	50g				
香菜	25g				

調味料	數量／單位	調味料	數量／單位	調味料	數量／單位
龜甲萬醬油	30g	紹興酒	10g	糖	30g
鉅利老抽	20g	白胡椒粉	3g		
鉅利鎮江醋	10g	香油	5g		
		高湯	200g		

烹調程序

1.鱔魚切段，鍋中入油爆香薑末、蒜末，炒入筍絲，與鱔魚段入紹興酒、醬油，老抽略炒入高湯、糖、鎮江醋、太白粉與韭菜炒勻入盤即可。

2.撒上白胡椒粉、蒜末，淋上熱香油後，放上香菜與細薑絲即可。

※備12吋圓盤。

▲寧式炒鱔糊

三、砂鍋獅子頭

砂鍋獅子頭實則為揚州獅子頭，揚州有著名的三頭宴，即紅燒豬頭、拆骨鰱魚頭以及獅子頭。相傳獅子頭是在一次隋煬帝遊揚州，因為肚子餓，由廚師用碎肉做成大丸子的「葵花斬肉」，受到皇帝喜愛而用來宴請大臣，遂流傳開來。另有一說法是指徽商到淮揚一帶做生意，巨賈富商一起聚會要求廚師製作的佳餚，後流傳於淮揚。雖說獅子頭好似一顆大肉丸，但實際上其口感與一般的肉丸有頗大的差別，選擇四分肥六分瘦的肉，先切成粗條再剁成肉泥，加入調味料後須同方向攪拌均勻至產生黏性，並且要進行摔打以增加彈性，做成的獅子頭滑嫩鬆軟，沒有一般肉丸的乾澀口感。後來以獅子頭為主體加上不同蔬菜配料而有不同的變化，常見以砂鍋裝成加入大白菜紅燒或清燉，白菜甜又可中和油質感，砂鍋可長時保熱，就此定調砂鍋獅子頭。

四、西湖醋魚

西湖醋魚顧名思義是發源自西湖畔的一道名菜，選用了成長自西湖的湖鮮，一般以鮮活的草魚製成，燒時要嚴格注意火候，避免太老或太生，務必要求其鮮嫩的口感。此外浙江出名的鎮江醋是特殊香味和酸味的來源，老抽可將琥珀色的醬汁燒煮得更沉更顯醇厚。傳說中這道菜餚有個感人的故事，有對隱居在西湖打魚維生的兄弟，其中美麗動人的嫂嫂被當地的惡霸看中，於是殺了兄長，叔嫂倆去官府告狀，卻遇上惡官，欲加罪於弟弟，嫂嫂勸小叔趕緊離開避難，分別前特別燒了魚給小叔品嚐，後來小叔得了功名回鄉卻尋不著嫂嫂，卻在偶然的宴席中吃到相似的味道，追問之下才找到了分別已久的嫂嫂，所以西湖醋魚又另名為「叔嫂傳珍」。

砂鍋獅子頭

材料	數量／單位	材料	數量／單位	材料	數量／單位
梅花絞肉	300g	中薑	30g		
五花絞肉	300g	開陽	20g		
麵包粉（泡水）	60g	薑末	10g		
青江菜（對切）	600g	蔥花	10g		
蔥段	20g	雞蛋	1～2粒		

調味料(一)	數量／單位	調味料(二)	數量／單位	調味料(二)	數量／單位
鹽	10g	白胡椒粉	5g	紹興酒	20g
糖	5g	太白粉水		蠔油	20g
醬油	20g	香油	10g	高湯（或水）	600g

烹調程序

1.將絞肉拌入調味料(一)鹽、糖、醬油、雞蛋、薑末、蔥花，做成肉球，入平底鍋裡面煎香。

2.鍋中入油爆香蔥段、中薑、開陽，入紹興酒、蠔油、醬油、高湯、糖、白胡椒粉炒勻，放入煎好獅子頭，上蓋小火燜燒30～40分鐘即可，起鍋前5分鐘放入青江菜。

※備6～8人砂鍋、不沾平底鍋、木匙。

▲砂鍋獅子頭

西湖醋魚

材料	數量／單位	材料	數量／單位	材料	數量／單位
活草魚	1kg	紹興酒	60g		
嫩薑絲	20g				
調味料	數量／單位	調味料	數量／單位	調味料	數量／單位
水	200g	糖	20g		
醬油	30g	鎮江醋	10g		
老抽	20g	太白粉水	10g		
烹調程序					

1.煮一鍋水，煮沸入紹興酒，入魚，泡煮（水不可大沸）約4～5分鐘煮熟（剛好軟熟）入盤。

2.鍋中入調味料煮成濃汁，入薑絲，淋在魚身即可。

▲西湖醋魚

五、醃篤鮮（浙菜）

醃篤鮮是一道江南人家家庭常做的湯菜，取用新鮮五花肉和金華火腿或家鄉肉，還有鮮綠筍或扁尖筍一起熬煮，這道菜烹調的重點在於將所有肉塊和豬骨熬煮成乳白色的高湯，加上百頁結增加口感，放入青江菜增色也增味（其他時令綠色蔬菜亦可），湯汁奶白、香濃醇厚美味至極，至於那些肉塊就只是提供高湯鮮味的功能，煮久了柴了無味了就不是吃的重點了。

六、宮保雞丁（川菜）

說這道菜是享譽國際的中華名菜一點都不為過，在海外的中餐廳都可見它的魅力，菜餚的故事已是家喻戶曉，無庸贅述，但重點是這菜以雞丁和乾辣椒、花椒為主要食材和辛香調味料，也常見加入花生米和蒜末，成品裡的雞丁被醬汁輕輕地裹覆著，沒有太多的芡汁留存在盤中，後期看到有許多宮保雞丁的作品內容物雜混許多食材且變成濃多的芡汁，可澆淋成燴飯，甚至椒麻香的滋味變成了鹹甜味，這樣的創新演變讓人憂心美好的滋味不再了。「宮保」的做法已成為四川菜專有名詞，除了雞丁外也可用其他食材做成相同的滋味，以宮保命名之，如宮保魷魚、宮保高麗菜。

七、麻婆豆腐（川菜）

麻婆豆腐據說是在四川成都有個陳麻婆烹調得名，這菜嚴格說來必須符合麻、辣、燙三個重要的特色，尤其是麻的表現更為強烈。傳統的麻婆豆腐所用的豆腐是老豆腐，牛絞肉，慢慢燒製而成，但現在台灣所見到的已經被盒裝嫩豆腐和豬絞肉取代，最後又以太白粉水勾芡起鍋，將嫩豆腐的水量包住，味道上與傳統的口味相去甚遠，製作者不妨回頭試試道地食材和做法。

醃篤鮮

材料	數量／單位	材料	數量／單位	材料	數量／單位
上海五花鹹肉	300g	百頁結	100g		
五花肉（肥瘦均勻）	450g				
扁尖筍	100g				
綠竹筍	250g				
青江菜	60g				

調味料	數量／單位	調味料	數量／單位	調味料	數量／單位
濃高湯	1,200g	（鯽魚、雞爪、五花肉、蔥、老薑、高湯）			
紹興酒	30g				
鹽	5g				

烹調程序

1. 濃高湯製作方法：4kg高湯，蔥20g，老薑片20g，雞爪0.6kg，五花肉0.5公分厚切塊，活鯽魚2條用豬油香煎後，4kg高湯上蓋煮40分鐘即為濃白高湯。

2. 取濃白高湯適量，加入切片鹹肉、五花肉與扁尖筍和綠竹筍，入紹興、鹽調味後，入砂鍋內煮沸，入汆燙之百頁結與青江菜葉即可。

※備大砂鍋。

▲醃篤鮮

宮保雞丁

材料	數量／單位	材料	數量／單位	材料	數量／單位
肉雞腿	600g	乾辣椒	15g	雞蛋	1粒
蒜頭	20g	花椒粒	2g	沙拉油	3大匙（約70g）
薑	20g	去皮花生米			
蔥	30g				

調味料(一)	數量／單位	調味料(一)	數量／單位	調味料(二)	數量／單位
醬油	50cc	白糖	6g	醬油	30cc
糖色	50cc	太白粉	25g	太白粉	30g
米酒	30cc			礦泉水	20cc
白醋	30cc				

烹調程序

1. 肉雞腿去除大骨按摩軟化剁成約2×2的四方塊備用。
2. 雞蛋與調味料(二)之醬油、礦泉水、太白粉調合成醃製料，加入肉雞腿丁拌合醃製10～20分鐘備用。
3. 蒜頭、薑切末，蔥切小段備用。
4. 調味料(一)之醬油、糖色、米酒、白醋、白糖、太白粉水調合成宮保醬汁。
5. 鍋中加入三大匙沙拉油，以溫熱油放入肉雞丁，中小火將肉雞腿丁泡製至全熟，起鍋備用。
6. 原鍋中留少許沙拉油放入乾辣椒、花椒粒小火爆至略乾香，後放入肉雞丁、蒜頭末、薑末、蔥段炒香，淋上宮保醬汁快鍋拌炒調合，起鍋前加入花生米拌合即可。

▲宮保雞丁

麻婆豆腐

材料	數量／單位	材料	數量／單位	材料	數量／單位
板豆腐	200g	蔥	50g		
豬絞肉	50g	花椒粒	5g		
蒜頭	30g				
薑	30g				

調味料	數量／單位	調味料	數量／單位	調味料	數量／單位
辣豆瓣醬	100g	礦泉水	30cc		
白糖	5g	沙拉油	少許		
太白粉	20g				

烹調程序

1. 板豆腐切成1～2公分小塊加熱汆燙備用。
2. 蒜頭、薑切末，蔥切蔥花備用。
3. 花椒粒以乾鍋炒香磨成細粉備用。
4. 取鍋加入少許沙拉油，放入豬絞肉爆香，加入蒜頭末、薑末爆香後，加入辣豆瓣醬合爆至香，加入礦泉水及板豆腐塊、白糖以小火燜燒至入味，起鍋時加入太白粉水、蔥花、花椒粉拌合入即可。
5. 上桌時上面撒上花椒粉即可。

▲麻婆豆腐

八、左宗棠雞（湘菜）

左宗棠雞是中華菜餚中湘菜的代表名菜之一，也是現今海外中餐廳中最受外國人士歡迎的一道菜餚，湘菜在台灣的盛行則與名廚彭長貴有關。據1983年報導及現今「彭園」網站的介紹，彭長貴早年曾隨譚廚學習湘菜，1973年赴美開設「彭園」餐館，對於湘菜在海外的發展有很大影響，特別是彭長貴所研發的「左宗棠雞」，在美國中餐館裡竟然成為最受歡迎的一道菜。1983年彭長貴回台再開「彭園湘菜館」，其所創製的「左宗棠雞」也成為台灣湘菜的代表，且逐漸取代傳統湖南菜「東安子雞」。左宗棠雞，又稱左公雞，與東安雞做法頗為雷同，其最大的差異在使用熟／生雞肉；在調料上東安雞以花椒、辣椒、醋為主，保留湘菜酸辣鹹香的特色；左公雞則改以油炸，並使用醬油、辣椒、醋調味，兼有酸辣及醬香。但現今台灣及美國的餐館做法普遍都加入糖，以「酸甜」為主味，實與傳統湘菜的味道頗有差異。

九、紅油抄手（川菜）

四川人所稱的抄手就是浙江人所說的餛飩，台灣也叫扁食。抄手的名稱據說是因其外形包成折握的樣子，好像四川人冬天把兩隻手對抄在袖籠中取暖樣子而得之。而這裡的紅油並非單純的辣椒紅油，而是用甜醬油、紅糖、丁香、陳皮等多樣調味料再加上紅辣油調製而成的醬料。

十、竹節鴿盅（湘菜）

竹節鴿盅是湖南傳統的菜餚，利用竹節做成容器，填入斬碎的鴿子肉一起烹煮，有淡淡的竹香味，早期在台灣的餐廳中尚有供應，正宗的餐廳會忠於傳統的材料，但後來都以較為普遍的雞肉代替鴿子肉。

左宗棠雞

材料	數量／單位	材料	數量／單位	材料	數量／單位
肉雞腿 300～350g／隻	600g	雞蛋	1粒	沙拉油	3大匙
紅辣椒	100g	蒜頭	30g		
薑	30g				
蔥	30g				

調味料(一)	數量／單位	調味料(一)	數量／單位	調味料(二)	數量／單位
醬油	60cc	白糖	6g	醬油	35cc
糖色	60cc	太白粉	20g	太白粉	30g
米酒	40cc			礦泉水	30cc
白醋	30cc				

烹調程序

1.肉雞腿去除大骨按摩軟化剁成約2×2的四方塊丁備用。
2.雞蛋與調味料(二)之醬油、礦泉水、太白粉調合成醃製料，加入肉雞丁醃製備用。
3.蒜頭、薑切末，蔥切小段，紅辣椒取長約3～4公分，切一刀去籽備用。
4.調味料(一)之醬油、糖色、米酒、白醋、白糖、太白粉調合成左宗棠醬汁。
5.鍋中加入三大匙沙拉油，以溫熱油放入肉雞丁，中小火將雞肉丁泡製至全熟起鍋備用。
6.原鍋中留少許沙拉油放入紅辣椒片以小火爆至略乾，後放入雞肉丁、蒜頭末、薑末、蔥段炒香，淋上醬汁快鍋拌炒調合即可。

▲左宗棠雞

紅油抄手

材料	數量／單位	材料	數量／單位	材料	數量／單位
豬小里肌絞肉	200g	花生粉	50g		
餛飩皮	100g				
蔥	50g				

調味料(一)	數量／單位	調味料(二)	數量／單位	調味料(二)	數量／單位
醬油	50cc	醬油	30cc		
白糖	5g	白胡椒粉	3g		
白醋	20cc	香油	30cc		
紅辣椒油	50cc				

烹調程序

1. 蔥切末備用。
2. 取細豬小里肌絞肉，加入調味料(二)之醬油、白胡椒粉、香油拌調合入味成餡料備用。
3. 取餛飩皮包入15～20g的肉餡料定型成抄手備用。
4. 調味料(一)之醬油、白糖、白醋、紅辣椒油調合成醬汁備用。
5. 鍋中加水燒開，放入抄手，以中小火煮約5～6分鐘至熟備用。
6. 上桌時淋上醬汁，撒上花生粉、蔥花即可。

▲紅油抄手

竹節鴿盅

材料	數量／單位	材料	數量／單位	材料	數量／單位
乾干貝	30g	竹節筒	10個		
雞肉泥	600g				
馬蹄	60g				
薑	20g				

調味料(一)	數量／單位	調味料(二)	數量／單位	調味料(二)	數量／單位
醬油	30cc	米酒	30cc		
鹽	3g	礦泉水	300cc		
白胡椒粉	2g				

烹調程序

1. 乾干貝洗淨，加入1：5的礦泉水後，合蒸約30分鐘備用。
2. 將做法1的干貝取出，剝成絲狀備用。
3. 馬蹄洗淨剁成碎狀，薑切末備用。
4. 干貝絲、雞肉泥、馬蹄末、薑末調合，再調入醬油、鹽、白胡椒粉、米酒、礦泉水調合，一起攪拌均勻後平均放入竹節筒中。
5. 將已填好內餡的竹節筒放入蒸籠中一起合蒸16～20分鐘即可。

▲竹節鴿盅

十一、梅乾菜扣肉（粵菜）

這是經典的東江菜，也就是客家菜品，主要的特色在於梅乾菜的使用，梅乾菜是客家族群因應貧脊的生活累積而成的烹調智慧，目前台灣的做法是由新鮮的芥菜逐步發酵、曝曬、乾燥而得，芥菜用鹽醃製三、四天，就是常見的酸菜，顏色芥黃，而後再入缸鹽醃發酵一段時間後取出日曬，需切開芥菜頭部使其翻掛在竹竿上曝曬略乾，裝入玻璃瓶中用木棍確實地將其壓至緊實而無空氣殘留，這過程要特別注意不能有一絲的水分滲入，以避免發霉敗壞，而後再將甕口封住，以甕底朝上口朝下，顛倒放置催化發酵約二至三個月就成了福菜。福菜之後經過曝曬或烘乾就變成了梅乾菜。

梅乾菜本身就散發鹹香味，所以在烹調前應清洗幾次，去除部分鹹味和雜質，烹調過程中其實不需再多加鹹味調醬。

十二、柱侯牛腩煲

柱侯醬是廣東菜的一種醬名，由廣東佛山袁柱侯創作，大致上是以麵豉醬、八角、陳皮，炸過的大蒜、紅蔥頭、糖、沙薑粉和水一起小火慢熬而成濃稠狀之醬品。

十三、八珍扒鴨（粵菜）

八珍是指八種或多種的材料，主角在大鴨，鴨子的處理程序較複雜，需去骨留型，而後在腹內置入多種材料，如蝦球、鮮魷魚片、蹄筋、豬腰花、豬肝花、鴨腎花、豬肉片（先醃味）、筍片、紅蘿蔔片可視為一道宴客大菜。

（本節次感謝陳嘉謨、陳正忠、曾秀保主廚圖片菜單製作）

梅乾菜扣肉

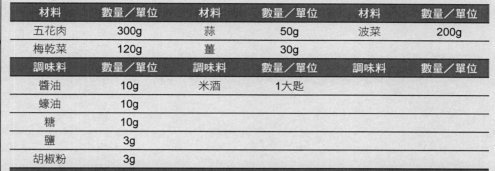

材料	數量／單位	材料	數量／單位	材料	數量／單位
五花肉	300g	蒜	50g	波菜	200g
梅乾菜	120g	薑	30g		
調味料	數量／單位	調味料	數量／單位	調味料	數量／單位
醬油	10g	米酒	1大匙		
蠔油	10g				
糖	10g				
鹽	3g				
胡椒粉	3g				

烹調程序

1.將梅乾菜泡水5分鐘去雜質和去部分鹹味。

2.梅乾菜、蒜、薑切碎,五花肉切成0.5公分厚度。

3.取一扣碗,將肉片排於碗中,填入梅乾菜和蒜、薑,加入調味料入蒸鍋蒸30分鐘待肉熟爛,倒扣於盤中。

4.菠菜汆燙或略炒,起鍋圍邊。

▲梅乾菜扣肉

柱侯牛腩煲

材料	數量／單位	材料	數量／單位	材料	數量／單位
牛腩	400g	乾蔥頭	10g	辣椒	10g
西生菜	150g	薑	10g		
蔥白	10g	蒜頭	5g		
調味料(一)	數量／單位	調味料(二)	數量／單位	調味料(二)	數量／單位
柱侯醬	1大匙	米酒	1大匙	太白粉水	1大匙
醬油	1/2大匙	胡椒粉	1/2小匙	香油	1/4小匙
蠔油	1大匙	清水	10杯		
鹽	1/4小匙				
糖	1 t				

烹調程序

1. 牛腩切2×3公分四方形狀，汆燙洗淨。
2. 乾蔥頭切末、薑切片、蔥切段、蒜頭切末、辣椒切片、西生菜切片。
3. 淨鍋熱油爆香薑、蒜、乾蔥頭、蔥、辣椒，再倒入牛腩炒香後續放柱侯醬炒至入味，再加入米酒加水淹過牛腩，加入調味料(一)，先以大火煮開湯汁，再改開小火燜煮1.5小時。
4. 西生菜汆燙熟後填入燒熱砂鍋。
5. 煮熟牛腩加入調味料(二)勾芡後放入砂鍋內，上桌前擺入蔥白段即可。

▲柱侯牛腩煲

八珍扒鴨

材料	數量／單位	材料	數量／單位	材料	數量／單位
無頭鴨	1隻	豬肝花	100g	薑片	50g
蝦球	60g	豬腰花	60g	蔥段	100g
鮮魷魚片	60g	鴨腎花	50g	蒜碎	30g
水發蹄筋段	100g	豬肉片	50g	紅蔥頭片	30g
筍片	50g	冬菇片	10g	八角	5g
紅蘿蔔花	10g	薑片	30g	花椒	3g
蔥段	10g	蒜末	30g	甘草	10片
金耳	15	高湯	1kg	丁香	3g
青江菜	300g				

調味料(一)	數量／單位	調味料(二)	數量／單位	調味料(二)	數量／單位
醬油	50g	蠔油	15g	高湯	2杯
鹽	5g	糖	5g		
糖	10g	鹽	5g		
水	300g	胡椒粉	2g		
		香油	5g		

調配過程

1. 蝦球、鮮魷魚片、蹄筋、豬腰花、豬肝花、鴨腎花、豬肉片（先醃味）、筍片、紅蘿蔔片氽燙後撈起。
2. 金耳泡水打結，青江菜對切後炒熟。
3. 將鴨肉沾上醬油表皮炸至酥脆上色後撈起並放入薑片、蔥段、蒜碎、紅蔥頭片炸酥後起鍋。
4. 將鴨肉放入鋼盆加入魯味材料八角、花椒、甘草、丁香及調味料(一)（水以蓋過鴨子為準），中火蒸50分鐘起鍋後去骨擺入凹型盤中，再入蒸籠蒸10分鐘。
5. 淨鍋熱油爆香薑片、蔥段、蒜末，入高湯及調味料(二)，勾芡後放入1項、金耳及所有材料，攪拌均勻後淋在鴨肉上，並以青江菜圍邊後即可上桌。

▲八珍扒鴨

第二節　西餐傳統菜餚介紹

　　西餐（western cooking）涵蓋的範圍非常廣泛，一般是以歐洲菜為主軸，歐洲飲食文化已有相當悠久的歷史，受到希臘、羅馬及埃及的深遠影響，在歐洲不同的地區，也形成不同的菜系。日後歐洲地區發展出不同的獨立國家後，各個國家或地區在環境、氣候、人文及歲月的演變中，漸漸形成各自的重要飲食文化特色。國內在學校的廚藝教學上則以法國菜和義大利菜系為重點，除了這兩國的飲食文化外，本章尚介紹了西班牙、英國、俄羅斯、德國、美國等國家菜餚，有許多耳熟能詳的菜餚，透過貴族的饗宴、美食家及文學家對美食的讚揚與歌頌，流傳許多膾炙人口的故事，以此增加學習者在菜餚學習過程中對文化的瞭解。

一、法國菜

　　法國菜是西餐文化中首屈一指的代表，法國米其林美食指標的設立對法國菜在世界上的影響力有極大的幫助。事實上法國菜的形成及其所強調的餐飲儀式均受到義大利飲食文化深遠的影響，尤其是在16世紀，來自義大利的凱薩琳公主，因為政治因素下嫁法皇亨利二世，當時帶著廚師、烹調器具和烹調的技術引進法國，宮廷貴族藉著饗宴美食進行各項聯誼交流，甚或展示炫耀，造就了法國菜貴族的形象和地位。法國菜喜歡使用多種烹調手法，對於醬汁非常重視，也非常注重盤飾藝術，在法國不同的地區，有不同的經典名菜與甜點，茲將法國八個地區的飲食特色整理如下：

(一)諾曼地地區

　　諾曼地地區（Normandy）位在巴黎西邊，有很長的海岸線，生產美味的海鮮，以及平坦的地勢用來畜牧，肉奶製品尤其出色，如卡蒙貝爾（Camembert）乳酪。此外當地也盛產歐洲優質的蘋果，許多菜餚都以蘋果入菜。諾曼地地方傳統菜以奶油、鮮奶、蘋果酒（Cidre）和卡瓦多

思蘋果白蘭地（Calvados）為烹煮重點，味道濃，醬汁稠，最能表現地方特色。

(二)布列塔尼地區

布列塔尼地區（Brittany）以品質出色的海鮮取勝，除了著名的貝隆扁殼生蠔，藍龍蝦、小螯蝦、扇貝、淡菜、海鱸魚等蟹殼類及海鮮也遠近馳名，此地區也是可麗餅的發源地，有甜與鹹之分，當地也盛產非常有名的蘋果酒，還有茴香酒（Anisette）也非常風行。

▲卡瓦多思蘋果白蘭地

(三)阿爾薩斯─洛林地區

阿爾薩斯─洛林地區（Alsace-Lorraine）因為接近德國，也曾經是德國的領土，飲食上深受德國的影響，雷斯林葡萄酒（Riesling）燴煮或調製出的醬汁是最有地方特色的菜，此地區也是法國鹹派（Quiche Lorraine）的發源地。

(四)勃根地地區

勃根地地區（Burgundy）是中世紀時期有錢有勢的勃根地公國所在，皇室貴族的宮廷料理留下相當豐富的傳統食譜，也是全世界最好的葡萄酒產地之一，產有大量的田螺、雞肉及

▲勃根地烤田螺

芥末醬，非常著名的菜色有紅酒燴雞（Coq au Vin）、紅酒燴牛肉（Boeuf à la Bourguignonne）、勃根地烤田螺（Escargots à la Bourguignonne）。

(五)普羅旺斯地區

普羅旺斯地區（Provence）鄰近地中海及義大利，充滿著橄欖樹、薰

衣草、陽光終年普照的南歐風情，所以此地區的菜餚特色相似於義大利，以橄欖油、番茄、蒜頭為底，主材料多，附加的香料也不含糊，完全可以體現普羅旺斯地產的豐富性，著名的菜色有馬賽海鮮（Bouillabaisse）、普羅旺斯田雞腿（Sautéed Frog Legs）、普羅旺斯燉菜（Ratatouille）。

(六)西南區

在庇里牛斯山腳、大西洋岸一帶是西班牙色彩濃厚的巴斯克區，山產海產都著名。巴斯克北邊是亞基坦區，著名酒鄉波爾多所在。波爾多往東是松露鵝肝的故鄉佩里戈。佩里戈南邊是法國第四大城土魯斯所在，扁豆沙鍋和燻鴨肉聞名全法國。這幾個文化、景觀、風俗各異的區合起來被籠統的稱為法國西南區（Sud-Ouest），因為物產豐富多樣，從家常到高級料理都有，西南區菜始終是法國餐飲的主流菜系。

▲鵝肝是法國菜著名的食材之一

(七)里昂

里昂（Lyon）有法國美食之都的美名，先天占有地理優勢，南接隆河谷地、普羅旺斯；北有勃根地；西邊面對中央山地，東向阿爾卑斯山區，是四方物產匯集的交流中心，也成就了米其林三星餐廳密度最高的地區，簡單、實在、家常是里昂菜系的特點，著名的菜色有里昂豬排（Pork Chops Lyonnaise）、里昂炸牛肚（Tablier de sapeur）。

(八)科西嘉島

是最義大利的法國菜，法國人稱科西嘉島（Corse）是美麗之島，是少數在地中海裡冬季仍會降雪的地方，鄉間的公路上經常可以遇上野豬、山羊懶散的過街擋道。不少傳統食物的做法是靠世代文字資料的輾轉傳抄，因此科西嘉島菜的豐富性同時展現在做法和食材上，著名的菜餚有科西嘉豬肉（Lonzu）。

西餐菜色典故

▲酥盒

Vol-au-Vent酥盒

　　卡漢姆來到巴黎後他打算設計出新款的填餡派塔，經過多次的嘗試與實驗，他用同一條酥皮做出兩種形狀的麵皮，黏在一起進行烘烤。經過揉麵、摺疊和醒麵之後烤出來的千層酥皮就可以膨脹的高高隆起。優雅美觀的酥皮殼可以搭配各種醬料，不論是鹹甜皆宜，可以淋上甜蜜的果醬享受它的酥脆香甜；也可以用紅酒田螺或者奶油白醬海鮮當作內餡，也是別有風味。

▲奶酪蛋派

Quiche Lorraine奶酪蛋派

　　Lorraine是地方名，Quiche來自德語的蛋糕「kuchen」。有點像奶油狀的蛋衣加上起司烘烤而成，是法國東北靠近德國的知名點心，16世紀這道傳統的點心就已經存在了，在歐洲很多國家都流行這道點心，這個蛋糕都是做鹹的，通常內餡使用洋蔥和培根。有很多鹹派都是以這道點心為出發點所發展出來的，冷吃、熱吃都很好吃！

　　Quiche原意是指裝餡的塔盒，包含培根、雞蛋和鮮奶油，源自Lorraine（音譯洛林），名字是由德國廚房而來，有蛋糕的意思，是法國的傳統食物。

Marengo（馬倫哥）雞肉（白酒燉雞）

　　傳說在1800年，拿破崙成為法國第一執政之後出兵攻打義大利北方的奧地利。1800年6月14日，法國的軍隊在義大利西北區皮埃蒙特的馬倫哥遭受到襲擊，一日的戰事下來法軍瀕臨戰敗的邊緣，所幸後援部隊的

▲馬倫哥雞肉（白酒燉雞）

及時救援，最後終究得到勝利。拿破崙有個習慣，在上戰場前不會用餐，但是戰事結束之後一定會大快朵頤一番！這就難倒了當時拿破崙的御廚——杜南，因為當初的急行軍只攜帶了戰爭必備的軍需品，後勤部隊的物資根本就還沒跟上。於是杜南只好派遣手下在當地尋找食材和物資，部下們找回了幾隻雞、大蒜、番茄、螯蝦、雞蛋，杜南將這些食材放入鍋中燉煮，搭配麵包一起吃。戰後的飢餓感和家鄉味，讓拿破崙對於這道菜讚不絕口，甚至下令每次戰役結束都要吃這道菜。後來杜南嘗試使用白蘭地和龍蝦去做改良，但是有點迷信的拿破崙堅持認為要保持原狀，就跟當初他獲得勝利的那天一樣。

Sole Véronique法式香煎比目魚

1859年，當時才十三歲的艾斯科菲耶已經在舅舅位於威尼斯的餐廳工作，他在料理上非常具有天分和熱情，並且對於食材的搭配和料理手法也

▲法式香煎比目魚

有其獨到之處。他與少數的廚師調整菜單，讓以往一次全部上桌的菜，改成一次一道上桌，並且他也是第一個把菜單上的每道菜分別標示價格的廚師。

表演與行銷也是他的強項，這道菜他選擇用當時戲劇的熱門角色（薇若妮卡）來命名，而這齣戲也因為這道菜成為安德烈·梅薩熱（André Messager）歷久不衰的經典之作。

Canard Roti a Iorange橙汁鴨胸

法餐中對鴨肉的運用很廣，Canard Sauvage稱為野鴨肉，Caneton稱為小鴨肉，Aiguillette是指切成薄片的鴨胸肉。好的鴨肉搭配烤完滴出的鴨肉汁和柳橙調配的醬汁。酸甜的柳橙口味配上富含脂肪的鴨肉非常解膩清

爽，這道菜也是文藝復興時期，義大利佛羅倫斯貴族愛吃的菜之一，後來隨著義法兩國通婚，一起流傳到法國的貴族社會中。

　　法國最古老的釀酒區——勃根地，這個地方盛產紅酒並且技術獨步全球，所以許多菜餚會用紅酒入菜增添風味。煎好的鴨胸，外表金黃酥脆，裡面鮮嫩多汁，搭配上紅酒與果香的醬汁，去除掉鴨子的油膩感和腥羶

▲橙汁鴨胸

味，並且帶出鴨肉本身的鮮甜味，這道菜也就成為法國的名菜。

Langoustines Poelees, Sauce Curry咖哩長臂龍蝦

　　Langoustines（長臂龍蝦），通常一般印象法國菜跟咖哩醬不搭配，傳說在14世紀，那時的王公貴族有許多添加了很多香辛料的菜，非常珍貴，直到19世紀才比較普及。因為英國統治了印度，所以也影響了法國，咖哩粉加入椰子汁和奶油，顏色比較清淡的精緻咖哩就成為了主流！

▲咖哩長臂龍蝦

Tournedos Rossini羅西尼牛排

　　法國馬利安東尼・卡瑞蒙（Marie Antoine Carême）擁有「廚師之王，王之廚師」的美譽，他在料理界大放光彩的這兩百多年來，世界上的媒體都這麼稱呼他。他有一道經典的料理就是將菲力牛排、鵝肝和松露結合成一道菜，搭配馬德拉醬，嚐一口彷彿能讓人體會到拿破崙那輝煌的時代。義大

▲羅西尼牛排

利天才作家喬奇諾・安東尼奧・羅西尼（Gioachino Antonio Rossini）也是當時在世界上大放異彩的音樂天才，卡瑞蒙與羅西尼兩個人都具有創新的

精神，分別在音樂和料理上也都具有豐富的熱情，因此兩人結識之後便成為好友。這道羅西尼牛排是由誰想出來已經不可考，只知道最後是以羅西尼的名字來命名，再由卡瑞蒙來改進和完善。

二、義大利菜

　　義大利是羅馬帝國的起源地，也是天主教教廷的所在，義大利是一個狹長的島型國家，因為土地狹長，義大利北部和南部在地理環境及氣候上有許多的不同，在飲食習慣上也有非常大的差別，烹調上北義喜歡用大量的肉、奶油和橄欖油；南義則屬於地中海的飲食文化，喜歡使用當地盛產的橄欖油、蔬菜、海鮮，肉類則喜歡以豬肉為主。義大利也是西餐餐具叉子的發明者。義大利在烹調方式上喜歡原汁原味，油炸較少。

(一)義大利北部

　　是義大利經濟生活水準最高、飲食最多樣且富變化的區域。主要以牛乳來製造乳酪，喜歡以奶油及鮮奶油來烹調，將燉飯、玉米糕運用在盤

▲義大利盛產橄欖油，是做義大利菜不可缺少的重要食材

飾上的變化享有盛名。另外將豬肉鹽漬的做法，最知名就是來自帕爾馬（Parma）及聖丹尼耶雷（San Daniele）的Prosciutto（台灣稱之為「風乾火腿」），其經過一年或更久的時間熟成，而展現出質地柔軟、成熟濃郁的風味，因此以Dolce（溫和柔軟）形容之。其中米蘭地區（Milano）盛產米和松露，非常著名的菜餚米蘭豬排（Pork Escalope Milanese）和番紅花燉飯（Risotto Milanese）。

(二)義大利中部

六個區域的飲食習慣，追隨著地中海式的標準，大量依賴橄欖油、穀類及季節性產物。中部山區遍產著優良的橄欖油，不過極品皆來自托斯卡尼（Tuscany）、溫布利亞（Umbria）北部和阿布魯佐（Abruzzi）。蔬果類幾乎都是季節性生產，其中羅馬（Rome）是義大利非常文明的古都，以朝鮮薊與碗豆著名，托斯卡尼有白豆與黑捲心菜，非常著名的菜餚有生醃牛肉（Carpaccio）、番茄燉小牛膝（Braised Osso Buco）及檸檬雞肉（Lemon Chicken）。

(三)義大利南部及島嶼

南部烹飪的精神在於質樸、應用當地食材、簡易的烹調手法，其色、香、味卻保留了地中海料理的精髓，橄欖油、葡萄酒、起司、穀類、水果與蔬菜是地中海飲食裡最基本的要素，義大利南部傳承了其特質。

起司是南部飲食裡的基本要素，南部起司中最著名的種類就是pasta filata，主要以牛奶製作，Mozzarella就是典型的範例，但最早是以水牛奶製成，至今以水牛奶製做的Mozzarella仍是最棒的。

此地區對於麵食的食用與創新有很大的成就，其中Focacce是一種扁餅，比麵條問世更早，也是披薩的前身，以那不勒斯製作的最為知名。中世紀，阿拉伯人在西西里建立了麵食工業，他們利用小麥所製作的乾麵條，如今在南部地區依然流行。管狀或任合短形麵都可稱為maccheroni（通心粉），長形麵則如spaghetti和vermicelli，螺旋形的fusilli也同樣受歡

▲義大利麵是義大利的代表性菜色

迎,斜管形狀的麵叫penne,而更粗大的則稱為ziti或zite,多樣性的變化讓麵食領域變得有趣。

　　此外,義大利沒有其他地方比得上此區域傳統傑出的甜點和冰品。許多西西里島的甜點都深受阿拉伯與希臘的影響。如杏仁糊、水果蜜餞、Ricotta軟乳酪、蜂蜜、葡萄乾及堅果,深受熱愛甜點的人所喜愛。

　　番茄醬汁與乾酪在坎帕尼亞區很受歡迎,而該地正是道地披薩的老家。此區最具代表性的就是拿坡里料理,而其中最具代表性的則為番茄。從羅馬時代開始,拿坡里人吃的麵食就以圓條義大利麵和披薩為主。披薩就是在拿坡里發明出來的,這也可能是全世界最早的速食。其中威尼斯（Venezia）盛產非常多種類的海鮮,是一個水都城市,著名的菜餚有海鮮番茄湯（Zuppa di pesce）、洋蔥煎小牛肝（Calf's Liver）。

西餐菜色典故

Beef Carpaccio義式薄片牛肉

　　1950年威尼斯伯爵夫人阿瑪利亞‧納尼‧默勤尼戈來到了希普里亞尼開設的哈利酒吧，希普里亞尼在與伯爵夫人的聊天過程當中得知，尊貴的伯爵夫人雖然出身富貴但是卻體弱多病，醫生建議她可以多吃一點紅肉，但是她卻不喜歡吃紅肉，覺得紅肉纖維粗硬很難消化。希普里亞尼為了解決伯爵夫人的困擾，他在替伯爵夫人調製雞尾酒時，靈光一閃，進到廚房拿一塊頂級的牛排切成很薄的薄片，然後再將它拍打成更薄並且在肉片鋪上辛辣的芥末醬。紀錄上沒有伯爵夫人對這道菜的評價和反應，但是哈利酒吧的常客卻非常喜歡這道菜，甚至還把它當作減肥餐。Carpaccio是文藝復興時期一位畫家的名字，這位畫家喜歡用如同生牛肉般的鮮艷紅色作畫，於是就附庸風雅地以這位畫家的名字命名。

▲義式薄片牛肉

Insalata Caprese卡布里國旗沙拉

　　這個沙拉源自於大眾熟知的卡布里島，該島盛產莫札瑞拉起司與番茄而出名，這個沙拉又稱作國旗沙拉。羅勒的綠色、番茄的紅色、莫札瑞拉起司的白色，剛好代表義大利國旗的三種顏色。莫札瑞拉起司和番茄的口味相當搭配，只需要淋點橄欖油就能把番茄的酸味進行轉化變成甜味。此外這種沙拉的變化性相當高，可以加入其他更多的元素，例如蒜碎、巴西利碎，或者淋醬也可以換成巴薩米可醋，都會有非常 棒的風味！

▲卡布里國旗沙拉

Coquilles Saint-Jacqu es Gratinees奶油扇貝

扇貝（Cappasante）表面刷上用蛋黃、白酒、奶油調合成的醬汁，表面烤至上色後，撒上起司和麵包粉，表面抹點奶油再回烤。

扇貝在義大利是常見的海鮮食材，可以拿來盛裝聖水表示祝福，所以又稱作聖雅各貝（conchiglia di San Giacomo）。主要分布在亞德里海域北部靠近威尼斯一帶，四季皆可以享用。通常有兩種吃法，一種是橄欖油加大蒜還有巴西利，另一種則是撒上起司焗烤就可以吃了。

▲奶油扇貝

Coquilles Saint-Jacqu（扇貝），被人們視為是聖人雅各的象徵，據說虔誠的朝聖者會攜帶扇貝前往西班牙聖地牙哥。Coquilles原本是指「貝殼」的意思，現在則延伸用來代表貝殼或貝殼形狀的盤子，或是也可以解釋成表面有烤焦痕跡的菜餚。

Pizza Margherita瑪格麗特披薩

19世紀末，拿坡里的披薩跟現代的披薩所用的配料差異不大，並且是一個不管是平民還是貴族都很喜歡吃的料理。1889年，拿坡里的皇室委託知名披薩師傅拉菲爾·艾斯波席托製作出一種新口味的披薩要拿來招待瑪格麗特女王。艾斯波席托總共做出了三種口味讓女王還有賓客們品嚐和選擇：第一種是用豬油、起司和羅勒；第二種是大蒜、橄欖油和番茄；第三種是莫札瑞拉起司、羅勒和番茄，恰巧可以代表義大利的國旗顏色。最後女王最喜歡的口味是第三種，因此瑪格麗特披薩就從此以這三樣食材為主。

▲瑪格麗特披薩

Fusilli alla Puttanesca煙花女義大利麵

　　義大利麵又稱Fusilli，而煙花女通常是指鯷魚、番茄、紅辣椒、酸豆、黑橄欖、大蒜這些材料去做成的醬汁，通常是拿來拌義大利麵、通心粉或者是螺旋義大利麵。

▲煙花女義大利麵

　　另一種說法是Puttanesca（煙花女口味）代表鯷魚口味的意思，因為取材容易，製作簡單迅速，煙花女會在工作前先準備好給孩子吃或是招待客人都非常美味可口，於是這道菜就開始廣為流傳。

三、英國菜

　　英國屬於海洋氣候，主要產業為酪農業，因為氣候濕冷，使得英國以高熱量、多脂肪組成，偏重燒烤、油煎以及酥炸等方式，對肉類、海鮮、野味的烹調均有獨到的方式，對牛肉有特別的喜好，如燒烤牛肉（Roast Beef），食用時附上蔬菜、烤洋芋，並淋上肉汁和芥末醬，在佐料的使用上則喜好牛油及酒；在香料上則喜好荳蔻、肉桂等。著名的菜餚有牛肉腰子派（Steak and Kidney Pie）、炸魚排（English Fish and Chips）、皇家奶油雞（Chicken à la King）等。廣受喜愛的燻製品有耳熟能詳的煙燻鮭魚（Smoked Salmon）、煙燻鯖魚（Smoked Mackerel），英國人喜歡搭配麵包或馬鈴薯食用。三明治是英國最普遍的速食，隨著時代發展，三明治的樣式改變了，不僅內容多樣化，分量也增加不少。英國人對早餐很講究，種類繁多。時下流行的下午茶也是來自英國，是源自於皇室禮俗，下午茶的風行，對現代人而言，是一種時尚的追求，也可舒緩緊繃的壓力。而晚餐在英國也是非常重要的，通常用餐時間較晚，會邊吃邊喝，所以花費時間較長。英國也是產酒的國家，如蘇格蘭威士忌或琴酒都非常有名，英國在酒類的花費在收入中占有相當的比例，且多偏高。因為與印度貿易的往來，也把咖哩醬汁的元素帶進了英國的食譜中。印度料理在英國調整了味道，成了味道較清淡的西方口味。

▲炸魚排

西餐菜色典故

Beef Wellington威靈頓牛排

　　一代威靈頓公爵——阿瑟・韋爾斯利在他凱旋歸國獲得許多勳章和頭銜，1828年他成為英國首相之後就有積極的廚師為他設計豪華的料理向他表示敬意，威靈頓牛排就是其中之一。其實早在15世紀，就已經有英國人把肉塊包進麵皮裡做菜。早期都鐸王朝的食譜也有記載人們用水和麵粉做出麵糰，把鹿肉與牛肉包入燉煮。在亨利八世的宴會上常可以看到一道菜，用硬麵包當作容器裡面盛裝燉好的肉，上面還會蓋上一個麵皮的蓋子。當時的平民不太能夠吃到牛肉，大部分只能吃到豬肉，然而在貴族當中，料理手法仍然持續在進步，儘管英法兩國因為戰爭關係緊繃但是法式的烹調方式依然逐漸廣泛獲得大家使用，因此1830年代，有廚師把最頂級的牛肉包入最費工夫的麵皮裡，做出讓人眼睛為之一亮的料理。

▲威靈頓牛排

　　很長的一段時間，幾乎只有在英國才能看到威靈頓牛排。法國人不喜歡這道菜的原因很明顯，雖然法國本來就有一道菜叫酥皮菲力牛排，而且也可能是因為這道法國菜才啟發了英國的廚師做出類似的菜餚。法國人也許會用鵝肝覆蓋在牛排上而不是蘑菇醬。

　　威靈頓牛排在美國原本默默無名，但在1970年，美國尼克森總統表示他在一次訪問英國的時候吃到這道菜，從此就對它著迷不已！英國人也從那時開始會在家裡自行料理威靈頓牛排。

Lamb Balti濃汁咖哩羊肉

　　濃汁咖哩羊肉倒是和印度傳統菜餚有些關係，隨著17世紀英國的東印度公司成立，英國跟印度的交流和貿易關係就逐漸加深，許多材料的運用和飲食口味也會相互影響。這道菜源自於英國的伯明罕，伯明罕原本是個美食沙漠沒什麼美食，不過在1970年代之後就成為了創新印度料理的重要城鎮。

▲濃汁咖哩羊肉

　　Balti（濃汁咖哩）這個名字是英國人取的，濃汁咖哩有幾個特色：搭配的肉類絕對不能帶骨、必須使用專屬的銅鍋烹調、使用植物油而不是印度人常用的酥油、使用新鮮香料不可混入現成醬汁、咖哩必須跟鍋子一同上桌。另外，這個字來自北巴基斯坦，英國的伯明罕有一些移民就來自於那裡。大部分的專家認為這個字的解釋跟鍋子比較有關係，但是可以合理推論是因為這兩個原因加在一起才導致有這個菜名。

四、德國菜

　　德國日耳曼民族是維京民族的旁支，個性豪放是典型「大塊吃肉，大口喝酒」的民族。德國菜口味偏重，偏好豬肉。各式各樣的豬肉加工品琳瑯滿目，香腸的種類非常豐富。尤其以巴伐利亞產的香腸數量及品質最

▲香腸、啤酒與黑麵包是德國人常食用的食物

佳。旁邊也會附帶酸菜、烤洋芋及芥末醬來搭配。香腸不僅可以用來煮菜，也可以拿來煮湯。豬肉最具代表性的菜色就是德國豬腳，德國豬腳烹調方式在南部是以傳統方式去烘烤，而在北部柏林一帶，是以水煮的方式來烹調德國豬腳。主食以馬鈴薯為主，因為德國人曾經歷多次大饑荒，馬鈴薯耐寒抗熱的特性，可以讓馬鈴薯不虞匱乏，所以可以看見，德國人三餐都食用馬鈴薯。

　　而著名的巴伐利亞（慕尼黑首府）該區盛產蛇麻子是製造啤酒的原料，造就了慕尼黑「啤酒之鄉」的稱號，在每年的9月底10月初，是慕尼黑的啤酒嘉年華會，展示了德國的啤酒文化。德國菜除了豬腳之外也有許多著名的美食，如酸牛肉（Sour Beef），先用香料及醋來醃製入味，之後取出加以燉煮，食用時切片佐以馬鈴薯泥，還有韃靼牛肉（Tartar Steak），牛肉使用菲力部分將肉剁碎加入酸黃瓜、蛋黃、芥末攪拌均勻，食用時附帶黑麵包。德國人用餐的習慣比較重視早餐及午餐，而晚餐則較為隨意，一般都吃冷肉、馬鈴薯、沙拉、啤酒及麵包。

西餐菜色典故

Steak Tarter Served with Salad韃靼式生牛扒沙律

　　散居在中國西北、蒙古、中亞和歐洲一帶地方的民族——韃靼，他們信奉東正教或回教，農牧是他們主要的產業，飲食多以肉食的牛羊為主，這道菜是因為由韃靼人所創才會如此命名。使用鮮新的免治牛肉或者新鮮的免治馬肉，簡單的調味一下，不再經過烹調，只打一顆生蛋黃攪拌均勻就成為一道菜。這道菜在法國或者比利時都可以找到，不過比利時這道菜的菜名會變成Fillet ame'rocian。

▲韃靼式生牛扒沙律

Pork Knuckle德國豬腳

　　據說成吉思汗揮軍橫掃歐洲的時候，軍隊準備了大量的醃製食品，因此把醋跟香料醃製蔬菜的方法從東歐流傳到德國。德國人將它發展演變，後來就逐漸成為德國菜的表徵。用鹽、香料和促進發酵醃製的烹調法，德國人將它稱作Eisbein，這種烹調法除了能夠保留原汁原味還可以增加滑順的口感，因為醋可以減少生花椰菜的青草味，這些醃製物剛好可以搭配德國豬腳來吃。

▲德國豬腳

五、俄國菜

　　俄國菜有非常悠久的歷史，早至沙皇亞歷山大時期，就對烹調非常講究。俄國氣候寒冷，所以口味偏重，喜歡甜、酸、鹹及油分高和少許辣味的菜餚。且喜歡使用酸奶油（Sour Cream），也非常喜歡醃泡食物，

▲羅宋湯

如生醃魚類,魚子醬更是俄國菜中最高貴的前菜,如Beluga、Sevruga、Ossetra。肉類以牛、羊、雞為主,豬肉為輔,肉串料理更是聞名全世界,尤其以高加索的烤羊最為人所知,馬鈴薯、紅甜菜、高麗菜的種植相當普遍,著名的菜色有羅宋湯(Russian Borsch)、俄式魚湯(Solyanka)、基輔雞(Chicken Kiev)。俄國的家庭早餐多以麵食為主,喜好吃糕點,而黑麵包是他們的主食。伏特加是俄國最有名的酒,因為酒精濃度高可以禦寒,所以非常適合在寒冷的地方飲用。特殊的俄式上菜服務,餐盤必須保溫,再將餐車推到客人面前服務,已經被各大高級的飯店採用。

西餐菜色典故

Russian Salad俄羅斯沙拉

這是一道義大利餐廳必備的料理,傳說是1860年法國廚師Lucien Olivier在莫斯科發明,後來遍布全世界。

18世紀,這道沙拉因為是義大利利古都(Liguria)貴族晚餐的必備菜餚,所以那

▲俄羅斯沙拉

時還被稱作熱那亞沙拉。這道沙拉是能夠替廚師傳達愛意的料理之一。在義大利通常還會加一點醋漬蔬菜來調合口味，倒如酸黃瓜，吃起來口感可以中和美乃滋的油膩並且酸酸的口味能夠增進食慾。

Chicken Kiev基輔雞

尼古拉‧阿佩爾（Nicolas Appert）生於1749年法國的東北部，他具備釀酒、醃製食物和糖果糕點的技術於一身，由於他精通多方面的技術，他瞭解到不同的條件下能夠讓食物的特性產生變化，而這些變化都是因為化學的作用。

▲基輔雞

他在巴黎當廚師的時候，為了找出讓填充在雞胸肉裡的食材不會焦掉或者外漏，他發現可以使用蛋液塗抹在表面，封鎖住雞胸肉孔洞，讓奶油在裡面融化，等到刀子劃開雞胸肉時，奶油才會緩緩流出，這道料理他稱為「科特莉特斯雞排」。

基輔雞只有六個主材料，雞胸肉塞進無鹽奶油然後拍打，沾上麵粉再沾蛋液，最後再沾麵包粉捲起來，入油鍋油炸，用餐時以刀子劃開，奶油就會溢出。

六、美國菜

美國菜的歷史只有短短的二百餘年，受到英國菜非常大的影響。但因為大量世界移民的進入，增添了許多菜餚的變化，農產品及水果產量相當豐富，再加上美國是個民族大熔爐，各式民族產生了包羅萬象的飲食文化，混合各地方菜餚的烹調方法，產生了新移民料理，茲將美國菜分為東北部、南部、中西部、西部，說明如下：

(一)東北部

　　屬於新英格蘭地區，有豐富的漁獲和甲殼類海鮮，也是英國移民最早的地方。他們的飲食習慣崇尚簡單，許多菜餚都是把它燉煮成一鍋，如蛤蜊巧達湯（Clam Chowder）、燉海鮮（Seafood Stew），緬因州龍蝦及鱈魚是當地非常著名的食材，也向當地印第安人學習許多蔬果的烹調，使得此區的料理及文化更多采多姿。

▲蛤蜊巧達湯

(二)南部

　　南部深受地理環境及歷史文化影響，融合多元族裔文化。又因地利之便得以就地取材創造出豐富且有特色之區域道地料理。包括路易西安那州肯郡美食（Cajun）、醬料風味獨具的田納西州BBQ、佛羅里達州的熱帶水果、北／南卡羅萊納州沿岸的海鮮，以及帶有墨西哥風情的西南風味料理。著名的菜餚有紐奧良什錦濃湯（Gumbo），以及多種食材組成的紅燴什錦飯（Jambalaya）。

(三)中西部

移民多來自荷蘭、德國、英格蘭，以簡單的烹調方式，飽足為主的飲食習慣，著名的菜色有源自荷蘭的高麗菜沙拉（Coleslaw）、甜甜圈（Doughnuts）、煎薄餅（Pancake）、華富餅（Waffle）等。源自德國的雞肉派（Chicken Pot Pie）、碎豬肉餅（Scrapple）、漢堡（Hamburger）及香腸製品等。源自英格蘭的辣味魔鬼蟹（Deviled Egg）、香腸佐蘋果（Sausage with Apple）等。

(四)西部

此地區有豐富的海鮮，鮭魚相當有名。也出產許多水果及柑橘類。因為移民的族群非常多，菜餚的製作呈現勇於創新與混融（fusion）。也是最多華人及亞裔聚集的地方，使加州菜有更多元的融入。同時加入西方烹調，呈現更多元的創意。著名菜色有加州酪梨捲（California Roll）、炸魷魚檸檬奶油（Calamari with Lemon Butter Sauce）

西餐菜色典故

Oyster Rockefeller洛克菲勒鮮蠔

1840年經歷過法國廚藝洗禮的安東尼奧‧艾爾西托離開紐約，前往路易西安那州開拓自己的廚師生涯。安東尼奧在那裡開了一間餐廳，名為「安東尼奧餐廳」，菜單結合了南法馬賽的經典菜色與當地的菜餚。這家餐廳因為口味鮮美好吃，馬上成為全市最受歡迎的餐廳。他也開始收集全世界最棒的美酒，這項傳統至今依然延續，甚至2005年卡崔娜風災摧毀酒窖也沒動搖過。

1880年左右，餐廳傳給了安東尼奧的兒子朱勒斯，餐廳招牌菜是各式各樣的蝸

▲洛克菲勒鮮蠔

牛料理，不論是大蒜和香料的慢燉還是配上番茄辣醬都非常受歡迎。1899年，有一天朱勒斯面臨食材不足的困境，蝸牛的數量不夠提供客滿的餐廳使用。他環視了整間廚房，看見了鮮蠔，鮮蠔在美國南方是很常見的家常菜餚，通常的食用方式只有「生食」而已。朱勒斯決定做出一點變化，將珠蔥和香料混合，加入麵包粉，鋪蓋在鮮蠔上進烤箱烤。一位客人吃完後說：「我比洛克菲勒更富有了。」

Soupe de Homard a l'Americaine龍蝦濃湯

這道菜是將龍蝦含殼一起熬煮的奶油濃湯，也稱作Bisque。

Lobster（螯龍蝦）含殼一起熬煮菜餚或者醬汁的做法，又稱作美式風味（a l'Americaine）。聽說是源自於一個廚師為客人臨時創作的龍蝦湯，也有一種說法則是在法國盛產甲殼類及海鮮的地方是勃根地，而勃根地的古名稱是Armoricaine，也是這道湯的由來之一。經由演變，Americaine也稱作阿莫尼卡醬。這道菜是由廚師皮耶・佛萊斯所創。他曾經在美國住過一段日子，1854年左右在巴黎的王子廊街買了新房子。考量

到當時流行的美式風格，他用「彼得之家」當作店名並且還打出名號，這家餐廳的招牌菜就是螯蝦搭配上「波爾多醬汁」改良而來的烹調方法，調製高湯及美式醬汁，1876年，賽馬俱樂部的主廚朱勒・古菲在大仲馬的《美食大辭典》中也繼續沿用這道菜的烹調方法。

▲龍蝦濃湯

七、西班牙菜

西班牙位在伊比利半島，曾受卡爾他各人、希臘人、羅馬人、日耳曼人及伊斯蘭人所統治，因此西班牙的菜餚也深受影響。「米」是伊斯蘭人帶進西班牙，「大蒜」是羅馬人帶進來的，「橄欖」是希臘人帶進來的。15世紀哥倫布發現新大陸，帶來許多新大陸的作物，有馬鈴薯、可

可、酪梨、玉米、番茄等食材，深深的影響世界的飲食發展。西班牙是個餐飲文化非常豐富的國家，有相當傳統道地的烹調食品，也有加上科技化學的分子料理，是傳統與創新並行的美食天堂。茲將西班牙菜分為四部分，分別是西班牙北部、馬德里與西班牙中部、東部的加泰隆尼亞及瓦倫西亞、南方的安達魯西亞。

(一)西班牙北部

是伊比利半島美食的精華區。此區多岩岸、峽灣，有非常豐富的海產，如干貝、生蠔、章魚及小螯蝦。此地著名的菜色有加利西亞章魚（pulpo a la gallega）、巴斯克蒜味鰻魚苗（Angulas a la Bibaina）

(二)馬德里與西班牙中部

西班牙中部以肉類的烹調享有名聲。拉曼查地區擁有世界品質最佳的番紅花。馬德里燉燒豬肉（Cocido Madrileño）是代表菜餚之一，據說過去是窮瓦匠所吃的東西，就是將蔬菜加上牛肉、豬肉放入土製鍋內，經過長時間燜煮，成為一道口感濃郁的肉湯。塞哥維亞最著名的料理就是燒烤乳豬（Cochiniollo），當地塞哥維亞也以產優質蘑菇而聞名於世。

(三)東部的加泰隆尼亞及瓦倫西亞

加泰隆尼亞地區以燉菜著名，雞肉料理也是最常用的菜色。非常著名的西班牙蛋餅（Tortilla Espanola），此地區除了洋芋和蛋之外，更增加了香腸和白豆，而瓦倫西亞是米的故鄉，當地陽光充足，土地肥沃，這個地區有非常著名的西班牙海鮮飯（Paella），米心多半不熟透，煮出來口感要乾鬆為原則。

(四)南方的安達魯西亞

曾受阿拉伯人的統治，菜餚色彩繽紛，烹調喜歡用橄欖油、蒜頭及新鮮蔬菜。沿襲阿拉伯人的烹調技巧，使用油炸方式，製作香脆口感的菜

▲西班牙海鮮飯

餚。非常著名的有伊比利生火腿（Jamón Ibérico）及Tapas小吃，聞名世界。

西餐菜色典故

Tortilla Espanola西班牙蛋餅

西班牙眾多蛋的菜餚中，最具代表性的菜就是又圓又大的西班牙蛋餅，內餡富有變化，通常是以洋蔥還有馬鈴薯為主。蛋餅的煎法眾說紛紜，有些餐廳認為只需將蛋餅煎到半熟，口感比較軟嫩。也有人堅持這道菜是下酒菜，冷的才好吃，所以必須煎到全熟。

▲西班牙蛋餅

蛋餅的起源，傳說是西班牙人來到墨西哥的時候發現一種可以用玉米粉做成的圓麵包「Tortilla Maiz」。後來西班牙人回國之後就嘗試改用雞蛋來製作，就成為蛋餅的起源。也有人認為這是中菜的芙蓉蟹，形狀像足球的蛋餅「Tortilla Framcia」。

八、小結

　　歐洲各地的菜餚，呈現許多豐富的人文歷史，除了風土氣候、物產外，烹調的人，也決定了世界飲食文化構成的方式，道地（authentic）料理，也讓我們貼近當地的飲食文化，我們吃什麼我們就成為什麼，歐洲在十字軍東征後，再加入東方食材的元素後，歐洲文明開出了文藝復興的花朵，歐洲的菜餚也變化得多彩多姿，享譽全世界，一道道西方的傳奇故事或烹調，都是闡釋世界飲食與文化交流融合的思維，食物的故事說不盡，也豐富我們的生活營養，美食不再只是外觀的滿足，食物的故事更觸動我們內心的感動，成為豐富心靈的養分，用餐並非只是純粹吃吃飯而已，其中更存在放鬆心情及人與人之間溝通的意義。尋找歐洲飲食文化及食材的尋根溯源，瞭解各地方的風土環境與人文傳統，食物的故事一直在上演著豐富人文印象，就像穿越時光隧道，歐洲的美食佳餚譜出既奇幻又瑰麗的世界飲食地圖。

第三節　烘焙產品介紹

　　在台灣烘焙市場上，琳瑯滿目的產品令人目不暇給，充滿色、香、味覺的誘惑，加以國民所得提高，外食人口增加，麵包西點與國人日常生活已緊密地結合在一起，除了取代部分消費者飲食方式外，在許多送往迎來的禮儀與生日節慶的場合上都少不了它，成為生活上不可或缺的一部分。本節主要介紹烘焙產品種類、特性與製作方式，讓讀者對烘焙產品的範疇有較明顯的輪廓與認識。

一、麵包產品介紹

(一)麵包的定義分類

　　麵包（breads）的種類與樣式繁多，依照CNS定義，麵包是「以麵粉為主要原料，加水、酵母、食鹽及輔助原料油脂、糖、蛋、牛奶或其他原料等混合，並得添加合法之改良劑或添加物等，經發酵後，經適當形狀烤焙之成品亦可再加其他裝飾品。」另外，餐包（rolls and buns），則是指餐食用重量100克以下之不包餡小型麵包，可直接食用或夾餡食用者。共分有以下四大類：

◆硬式麵包與餐包（hard bread and roll）

　　此類麵包的糖與油脂含量皆為麵粉用量的4%以下，麵包表皮鬆脆有麥香，內部組織柔軟而稍具韌性，結構細緻而大孔洞。常見具代表性產品有法國麵包、義大利麵包、維也納麵包、荷蘭脆皮麵包、木材麵包、英國茅屋麵包等。

▲法國麵包

◆軟式麵包與餐包（soft bread and buns）

此類麵包的糖與油脂含量皆為麵粉用量的4～10%。產品組織細膩，質地柔軟，水分較一般麵包多一點且麵筋必須充分擴展。常見具代表性產品有白土司、全麥土司、胚芽土司、軟式餐包等。

▲白土司

▲軟式餐包

◆甜麵包（sweet rolls）

此類麵包的糖與油脂含量皆為麵粉用量的10%以上，餡料（包於內部或外表裝飾）應為麵糰重20%以上，以原料為此類麵包名稱者在餡料中必須含有該項原料。配方中糖、油的用量很高，非常注重整形和裝飾麵糰，

▲紅豆甜麵包

▲培根麵包

十分柔軟。甜麵包依整形方式之不同又可分為：傳統台式甜麵包與美式花旗麵包。台式甜麵包具有鮮麗外觀，香甜可口，在台灣占有很大的銷售量。美式花旗麵包成分較高（糖量在20～25％之間），形狀較台式甜麵包大，常需要冷藏後再整形。常見具代表性產品有紅豆甜麵包、布丁甜麵包、蔥油麵包、沙拉麵包、花旗甜麵包、各種水果麵包。

◆ **其他各類特殊麵包**

其他各類特殊麵包之產品標準茲依序說明如下：

1.油炸麵包（fried bread）：凡以油炸代替烤焙所製作之麵包。

▲油炸麵包

▲極受大家喜愛的油炸麵包──甜甜圈

2.蒸麵包（steamed bread）：凡以蒸氣蒸代替烤焙所製作之麵包。

3.裹油麵包（margarine or butter roll-in bread）：此類麵包配方中包含：(1)低成分（俗稱歐式）：原料使用糖、油脂量為麵粉用量的10％以下；(2)高成分（俗稱美式）：原料使用糖、油脂量為麵粉用量的20％以上；且裹入用油量不得低於總麵糰量之20％。製作時須經折疊過程，使產品產生層次而酥脆之質感。

▲可頌麵包（裹油麵包）

▲雜糧麵包（穀類麵包）

4.穀類麵包及餐包（graint bread and rolls）：凡在軟或硬式麵包中添加合法之穀類、核果或蔬菜且添加量不得低於麵粉用量之20%。

5.全麥麵包及餐包（whloe wheat bread and rolls）：凡在麵包製作配方中使用全粒小麥磨成之全麥粉製作之產品。

6.麩皮麵包及餐包（wheat bran bread and rolls）：不添加全麥粉而添加麩皮所製作之產品，且麩皮含量不得低於麵粉用量之14%。

7.胚芽麵包及餐包（wheat germ bread and rolls）：凡在麵包製作配方中添加胚芽之產品，且胚芽含量不得低於麵粉用量之5%。

8.平板麵包（flat bread）：凡在軟或硬式麵包中，麵糰整形成薄扁平狀，直徑大於10公分以上可加餡料或不加餡料烤焙之產品。

9.特定材料麵包及餐包（special ingredients bread and rolls）：凡在軟或硬式麵包中添加合法之輔助原料，以顯現其風味及特色為訴求時，各項原料添加量不得低於麵粉用量之20%，但不包括下列產品：

▲披薩（平板麵包）

(1)牛奶麵包（milk bread）：產品中之乳固形物不得低於麵粉用量
　　之8%。

(2)雞蛋麵包（egg bread）：產品中之雞蛋固形物不得低於麵粉用量
　　之2.5%。

二、蛋糕產品介紹

(一)蛋糕的分類

◆麵糊類蛋糕

　　麵糊類蛋糕是含油脂量很高的產品。一般使用固體油製作，經由攪
拌時拌入大量空氣，使麵糊在烤焙時產生膨大作用。配方中，若油脂含量
在60%以上時，不使用膨大劑；油脂含量低於60%以下，需要使用泡打粉
或蘇打粉，幫助蛋糕膨脹。麵糊類蛋糕使用的主要材料有麵粉、糖、油
脂、蛋、奶水等，產品如大理石蛋糕、水果蛋糕與奶油棋格蛋糕等，依配
方材料特性與含量可分類如下：

①依油脂含量多寡分類

　　若依油脂含量多寡來區分，麵糊類蛋糕可分為：

1.輕奶油蛋糕：油脂含量最低30～60%，泡打粉使用量為4～6%，如
　白奶油蛋糕、魔鬼蛋糕等。

2.重奶油蛋糕：油脂含量最低40%，最高100%，泡打粉使用量0～
　2%，如白色重奶油蛋糕、大理石蛋糕等。

②依配方中糖量分類

　　若以配方中糖量來區分，麵糊類蛋糕可分為：

1.高成分麵糊（糖量大於麵粉量（100%）；麵糊黏度較稀薄），通
　常介於110～180%。

2.低成分麵糊（糖量小於或等於麵粉量（100%）；麵糊黏度較黏

稠），一般介於85～100%。

③依水果含量分類

　　水果蛋糕在麵糊配方中加入大量蜜餞水果及乾果，依水果含量不同可分為：

　　1.純水果蛋糕：含量大於麵糊的2倍。

　　2.普通水果蛋糕：含量為麵糊的20～50%。

▲水果蛋糕

◆乳沫類蛋糕

乳沫類蛋糕又稱清蛋糕。乳沫類蛋糕主要材料有麵粉、糖、鹽、蛋以及奶水等。配方中幾乎不含任何油脂（海綿類蛋糕除外），而以蛋白起泡性，在攪拌中拌入大量空氣，受熱膨大，不需加任何膨大劑。

依照不同的性質乳沫類蛋糕可分以下兩種：

①蛋白類（Meringue type）

以蛋白打發為主體，產品特性鬆軟，配方內不使用任何油脂和膨大劑，產品顏色潔白，又名天使蛋糕。

▲天使蛋糕

②海綿類

使用全蛋或蛋黃加全蛋混合，作為蛋糕組織和膨大來源，配方中會添加少許液體油使蛋糕組織鬆軟而有彈性，所以又稱海綿蛋糕。如瑞士捲、蜂蜜蛋糕等。

▲蜂蜜蛋糕

◆戚風類蛋糕

　　戚風類蛋糕是麵糊類和乳沫類蛋糕的綜合體，製作過程分蛋白和麵糊兩部分，蛋白打發後再與麵糊拌勻，最大的特色是水分充足，組織鬆軟，如鮮奶油蛋糕或冰淇淋蛋糕等。

▲鮮奶油蛋糕

三、餅乾產品介紹

　　餅乾（biscuits）的定義是以麵粉為材料，與油脂、糖、蛋、牛乳、核果、可可粉、化學膨大劑、酵母與香料等原料經攪拌成麵糰或麵糊後，透過成型、烤焙、霜飾或夾心而製成之產品。市面上餅乾產品種類繁多不勝枚舉，本文僅就常見之餅乾種類作概略性的介紹，以下依據產品製程及配方差異分為：

(一)硬質餅乾（hard biscuits）

　　配方成分較低，以麵糰壓延成型，齒感較硬脆，表面平滑之產品，如瑪莉餅乾與可口奶滋等。

(二)小西餅（cookies）

　　配方成分較高，成型無固定形狀大小，呈粗糙面或不規則模樣花紋之產品，可搭配各式霜飾增加商品賣相，依成品特性與配方比例不同分為乳沫類及麵糊類兩種：

▲指形小西餅

◆乳沫類

　　此類產品以雞蛋為主要原料，再配以麵粉和糖，產品性質最為柔軟，因麵糊稀軟故操作時須以擠花袋擠出成型，又細分為：

1. 蛋白類：蛋白小西餅是以蛋白為主要原料，做法與天使蛋糕相似，用擠出成型，如指形小西餅、椰子球等。
2. 海綿類：海綿類小西餅是以全蛋或蛋黃為原料，配方和一般海綿蛋糕類似，一樣用擠出成型，如蛋黃小西餅、杏仁蛋黃小西餅。

◆麵糊類

此類產品以麵粉、蛋、糖、油脂、奶水和化學膨大劑為主要原料，依其配方糖、油、水等原料成分差異，分為以下四種小西餅：

1. 軟性小西餅：此類小西餅性質較軟，配方中水分含量較高，約為麵粉用量的35%以上，產品口感接近蛋糕，產品常添加蜜餞或乾果，如葡萄乾燕麥小西餅。
2. 脆硬性小西餅：配方中糖的用量＞油脂用量＞水的用量，麵糰較乾，且口感因糖量較多而偏脆硬，如砂糖小西餅。
3. 酥硬性小西餅：配方中糖的用量和油脂相近，水分較少，麵糰乾硬，整形時需利用冰箱把麵糰冰硬再製作成型，如冰箱小西餅。
4. 鬆酥性小西餅：配方中油之用量比糖多，糖的用量比水多，油糖攪拌時拌入許多空氣使麵糊鬆軟，常用擠出成型，如丹麥奶酥。

▲冰箱小西餅

▲丹麥奶酥

(三)脆餅類（crackers）

以麵糰添加酵母、酵素或膨鬆劑，麵糰攪拌後經適當發酵、成型烤焙而產生膨脹硬脆之產品，分調味與不調味兩種，這一類餅乾質地較脆，市售之奇福餅乾即屬此類。

(四)煎餅（wafers）

使用稀薄麵糊注料於煎盤上煎烤而成之產品，或稱威化餅，是一種甜薄鬆脆的餅乾，威化餅通常產品表面呈現方格狀，中間夾有奶油餡、果醬餡或巧克力餡等甜味餡。

▲薄脆餅乾

▲威化餅乾

(五)鬆餅（puff-pastries）

以麵粉與油脂調製烘焙層次分明之酥鬆產品，藉由麵筋和麵糰中層次分明的裹入油脂與麵皮在加熱後膨脹形成鬆軟酥脆的鬆餅。鬆餅製作之包油法可分為蘇格蘭簡易法、法式包油法與英式包油法，直接會影響產品膨脹性大小，包油後並利用反覆的折疊方式（三折或四折法）形成麵油層次，再經由整形、填餡和烤焙後形成可口之鬆餅。

▲鬆餅

四、中西式點心產品介紹

(一)慕斯蛋糕

慕斯蛋糕（mousse cake），
源自法國，主要是由雞蛋與奶油所
製作成的冷凍甜品，搭配如巧克力
與各式水果的組合而成之特色糕
點。產品製作方式通常是利用打發
的蛋白或鮮奶油和其他材料混合成
質地鬆軟、口感輕盈有點像打發了
的鮮奶油。通常會加入膠凍原料凝
結乳酪及鮮奶油產生成濃稠凍狀的
效果，須置於低溫處存放以保持鮮
度與口感。

▲慕斯蛋糕

(二)派

派（pie），是傳統的西式甜點，通常是以由派皮包裹各式各樣的餡料而成，例如肉類、蔬菜、水果及蛋醬等。派皮製作依其攪拌方式與酥脆口感特性不同可分為大片酥派皮、小片酥派皮與酥麵派皮。而依照製作方式與餡料不同可分為三類：第一類是單皮派，把派皮鋪在烤盤上，接著倒入餡料，又分生派皮生派餡與熟派皮熟派餡兩類；第二類是雙皮派，將餡料完整的包覆在兩片派皮，再進爐烘烤；第三類是油炸派，是以油炸替代烤焙的特殊派。

▲單皮派

▲雙皮派

(三)塔

塔（tart），是一種西式烘烤甜點，主要產品特色是塔皮搭配豐富外露的餡料。餡料一般是使用甜味居多，如水果或奶油布丁作為餡料的甜點，是歐美國家茶餘飯後必備的點心。90年代在台灣風行的葡式蛋塔，即是一種代表性產物，將含有砂糖、鮮奶及雞蛋的蛋漿，倒入塔皮中再入爐烤焙成為美味點心。蛋塔皮依製作方式又分為牛油餅皮（口感爽脆且結實）與酥皮（由一層層薄酥組成，口感較為鬆脆）兩種。

▲水果塔

(四)奶油空心餅

　　奶油空心餅（cream puff），俗稱泡芙，源自義大利，產品特點為具有蓬鬆有空洞的麵皮，可灌入裹鮮奶油、布丁餡、水果餡、巧克力乃至冰淇淋等內餡，搭配各式造型與表面裝飾而成的精緻點心，是麵包店中與宴會場合裡常見的糕點。產品製作方式是將麵粉先經過油水煮沸凝膠後再加入蛋拌勻後，將麵糊擠拉成形，經由高溫烤焙而成。

▲奶油空心餅（泡芙）

(五)冰淇淋

冰淇淋（ice cream），一種冷凍的甜品，通常以牛奶或奶油等乳製品為原料，並加入水果或其他成分和香料混合製成均質之混合物。大多數的口味含糖，但也有一部分是使用其他的甜味劑。某些時候在天然成分之外，製造過程中也會加入人工香料或食用色素。

冰淇淋為混料經殺菌、混入空氣、攪動陳化並藉凍結所製成之冷凍乳製品。以牛奶或乳製品為主原料，加糖、乳化劑、安定劑、香料或食用色素等各種不同原料比例混和調配而成為一種均質液狀之混料，稱為冰淇淋混合料，放入特殊設計的攪拌凍結器中，經攪拌冷卻等過程將空氣打入混合物，再加以凍結處理之製品。

依美國聯邦標準（USDA）之定義：冰淇淋應含至少10%乳脂（Milk fat）及20%總乳固形物（Total milk solid）脂肪及總乳固形物分別不得少於8%及16%，產品重量與總固形物（Total food solid）分別至少有0.54kg/l及0.19kg/l（林瑩禎等人，1996）。美國農業部（USDA）與食品暨藥物管理署（FDA）將冰淇淋及相關製品歸類為冷凍點心（Frozen dessert），並訂立製品定義及其標準。通常冰淇淋含脂量物10～12%，當製品脂肪百分率低於10%時，可依市場需求冠以「低脂」、「減脂」或「無脂」冰淇淋。

市面上常見之冰淇淋分為義式與美式兩大類，其差異與特性比較如表7-1。

(六)巧克力

巧克力是製作甜點的重要原料，蛋糕、慕思、派餡、冰淇淋都用得到它。可可豆採收後經過加工製造，成為巧克力與可可粉兩類主要產品。因為巧克力在製造過程中所添加的成分不同，也造就了它多變的面貌。目前市面上的巧克力，依成分大約可分為四種（廖漢雄，2005）：

◆純苦巧克力（bitter chocolate）

純苦巧克力的可可質含量超過65%，在美國，美國食品藥物管理局

表7-1 義式冰淇淋與美式冰淇淋之差異比較表

	美式冰淇淋	義式冰淇淋
膨脹性	以60～100%為最適當之膨脹率，攪凍時打入的空氣應控制適合。	以25～30%為最適當之膨脹率，將打入空氣的機會降到最低，而呈現出綿細的口感。
脂肪含量	約10～20%以上。	約5～10%為佳。
基底食材	以鮮奶油為主。	以牛奶為主。
口感質地	屬於硬質冰淇淋，質地較硬融化時間稍慢。	屬於軟質冰淇淋，質地綿密外觀類似鮮奶油，但融化速度較快。
製造過程	包括了原料混合、均質、預熱、冷卻、陳化、冷凍攪拌、包裝成形、硬化、冷凍凍藏等階段。	與美式冰淇淋相似，但少了硬化、冷凍凍藏兩階段。

（Food and Drug Administration, FDA）把這類型的巧克力歸納為不含糖的巧克力，也稱為「黑巧克力」。

◆苦甜巧克力（dark chocolate）

美國食品藥物管理局（FDA）標準法規定，輕甜度巧克力（sweet chocolate）至少須含15%的可可固形物；半甜度／苦甜度巧克力（bittersweet chocolate）至少含35%可可固形物。

純苦巧克力與苦甜巧克力，在外表及色澤上有少許的差別：純苦巧克力是深黑如墨，而苦甜巧克力是黑棕色，其最大的不同在於含糖量，純苦巧克力含糖量甚少，甚至是沒有，而苦甜巧克力一般含糖量為47%。

▲純苦巧克力

◆牛奶巧克力（milk chocolate）

牛奶巧克力風味較清淡許多，通常含有10～14%的可可質，最少有12%以上的牛乳固形物。產品特性類似牛奶糖，因其中含有牛奶的成分，所以使巧克力本身濃馥香味略顯淡薄。但此巧克力是較受大眾歡迎的口味，因其兼有奶香和巧克力的香味。

◆乳白巧克力（white chocolate）

一般白色的巧克力，我們都可稱為乳白巧克力，是巧克力中含可可質最少的巧克力，通常添加大量的奶粉與糖製成，因其只含少許可可固形物，所以呈乳白色，當然也有些乳白巧克力完全不含可可質，而改以氫化的植物油代替，適於搭配清爽食材或水果。

▲牛奶巧克力、乳白巧克力及苦甜巧克力

(七)中點

一般糕餅店常見的中式點心，通常以烤焙或油炸方式生產之酥皮類與糕皮類產品為主。而廣義上的中點則包含冷水麵類（麵條、水餃、春捲、撥魚、淋餅）、燙麵類（蒸餃、燒賣、蛋餅）與發麵類（饅頭、銀絲捲、水煎包）。

◆酥皮類

此類產品的麵糰主要由油皮與油酥兩部分所構成，具有明顯的層次，常見的產品如蛋黃酥、綠豆椪、太陽餅、咖哩餃、燒餅、蟹殼黃。

▲蟹殼黃

◆糕皮類

此類產品不帶層次，因使用的材料差異而有不同的餅皮：台式餅皮（餅皮不加轉化糖漿，餅皮較乾硬）、港式餅皮（配方中添加花生油與轉化糖漿，保濕而鬆軟）、西式餅皮（配方油量較高，質地鬆酥）。常見的產品如廣式月餅、台式月餅、喜餅及鳳梨酥等。

◆其他

糕餅店常見中式點心尚有油炸類中式點心，如沙其瑪、開口笑、巧果等。

(八)日式點心

和菓子（wagashi），其實泛指傳統日式點心，是日人送禮用的主角。道地和菓子不管是外皮或內餡，除了原素材外，就是糖，反映出和菓子崇尚自然的哲學，食用者一般都會覺得很甜。和菓子做法精緻，材料少，製作時間也較短，其分類如下：

▲和菓子

◆生菓子

水分含量較多，通常在30%以上者，又名主菓子、上升菓子或朝生果，係指早上製作的新鮮糕點。指帶餡的日式點心，國內較受歡迎的產品有如蒸烤的麻糬、羊羹、銅鑼燒、饅頭等。

◆干菓子

水分含量較低，約10%以下者，係指乾的日式點心，主要以糖和豆粉壓製成各種造型，如梅干飴、煎餅、仙貝等。

◆半生菓子

水分含量約在10～30%者，產品吸水量介於生菓子與干菓子之間，如茶餅、粟饅頭、核桃饅頭。

(九)其他糕點產品

◆法式水果軟糖

水果軟糖，是一種法國常見的經典點心，俗稱乾果醬，原是歐洲用以保存食品的傳統方法，製作方法是將水果或果泥、糖與果膠熬煮製成，表面灑上白砂糖，呈現軟中帶硬、甜中帶酸的口感與豐富的水果風味，搭配色彩繽紛的外觀很難不吸引顧客的目光。

▲法式水果軟糖

◆費南雪蛋糕

費南雪蛋糕（Fanciers），是由巴黎糕餅師傅所開發，讓終日沉浸於證交所的金融家們能在工作繁忙之餘可以快速品嚐之下午茶點心，產品是以褐化奶油、與杏仁粉、蛋白、糖和麵粉混合後，經灌模、烤焙而成，口感融合了奶油與杏仁的細膩，軟滑而不黏牙，形成一股迷人的法式風情。外觀細長、金黃色的金磚造型應景討喜，並以著名金融家Fanciers作為產品名稱，深獲金融人士的青睞，更成為法國經典的傳統甜點代表。

▲費南雪

◆法式軟木塞蛋糕──可麗露

法式軟木塞蛋糕（Cannele's），外型酷似軟木塞或松露。起源於18世紀法國波爾多地區修道院修女製作之甜點，製程幾經改良，主要是將麵粉、牛奶、奶油、香草莢與蛋、蘭姆酒等材料拌勻後，經靜置冷藏、灌入蜂蠟塗抹過的模型（如銅模）後，烤焙而成之甜點，產品特色是微微焦硬的焦糖外殼，搭配內部氣孔明顯、軟Q口感和香草風味，是法國經典的甜點。

▲法式軟木塞蛋糕

◆ 馬卡龍

馬卡龍（Macaron），源自義大利，又稱法式小圓餅，是一種以蛋白、杏仁粉、白砂糖和糖霜所做的法式甜點，市面上常見的產品多以兩塊馬卡龍之間填抹水果或奶油餡，大約為3.5～4公分大小的圓型點心。產品特色是外殼酥脆而內部呈現濕潤柔軟略帶黏性的口感，搭配各式的內餡和百變繽紛的顏色，被法國人喻為「最性感的小圓餅」。

▲馬卡龍

◆ 瑪德蕾

瑪德蕾或稱瑪德蓮貝殼蛋糕，來自法國東北方梅林區的傳統下午茶點，主要做法是混合糖、麵粉、奶油、蛋和檸檬皮一起攪拌之麵糊，倒入貝殼形烤模內烤焙而成金黃色外觀，蛋糕內部濕潤而口味清爽的點心，曾於2006年被歐洲聯盟譽為代表法國的甜食。

▲瑪德蕾

參考資料

Winnie（2011）。《經典義大利料理》。台北市：凱特文化。

王漢明（2013）。《世界廚房：法國菜》。香港：萬里機構。

石井理惠子（2007）。《英國原味美食Love it or hate it!》。台北市：重文。

林惠敏、林思妤譯（2009）。尚－皮耶・普蘭、艾德蒙・納寧克著。《法國料理的秘密》。台北市：如果出版社。

林瑩、毛永年譯（1999）。《香料之旅》。台北市：時報文化。

林瑩禎、張雪華、李河冰、華傑（1996）。《冰淇淋及冰品專題報告》。食品工業發展研究所，新竹。

洪九賢（2009）。《世界飲食與文化》。新北市：揚智文化。

香港旅遊發展局，http://www.discoverhongkong.com/tc/dine-drink/what-to-eat/local-flavours/local-snacks.jsp#ixzz3G84XjQ58

張一喬譯（2011）。朱利安・弗里松著。《漫食布根地》。台北市：積木。

陳正忠

陳玉箴（2015）。《飲食文化》。台北市：華都。

陳芳誼（2014）。詹姆斯・溫特著。《點餐，帶上這本書》。台北市：大是文化。

陶宗慈（2004）。《隨義烹調，在台灣》。台北市：英卓國際。

楊昭景、陳嘉謨（2013）。《絕代風華——廣東菜》電子書。國立高雄餐旅大學。

楊昭景、曾秀保（2014）。《秀色天香——江浙菜》電子書。國立高雄餐旅大學。

經濟部標準檢驗局，http://www.bsmi.gov.tw/wSite/xslgip/chinese/index.html

廖漢雄（2005）。《巧克力製作》。台北市：品度。

劉潤惠譯（1999）。Maggie Liu著。《Mon Cher我的法國廚房》。台北市：優質文化。

蘇世甄譯（2012）。閔惠蓮著。《巴黎，官能之味》。台北市：貓頭鷹出版社。

Chapter

08

廚藝設備與機具

林建安、葉連德

　　「工欲善其事，必先利其器」，熟悉各項設備與器具的特性是專業廚藝人員的基本要求，對於各種器具與設備之使用與維護方法的瞭解與有效運用，不僅能輔助發揮製作的技術，製作出精緻美味的產品，更可以有效地延長設備與器具的使用年限，減少不必要的耗損與成本浪費。本章就中餐、西餐和烘焙製作上常使用的重要設備和器具分別介紹。

第一節　中西餐設備和器具

　　傳統的中西餐廚房有許多相異的設備，一般而言，中餐廚房的主要設備為爐台、蒸箱和烤爐，所有的菜餚烹調都能透過這幾項設備完成；西餐廚房所需的設備和工具可能就較為細膩多樣，隨著廚房設備科技的發展，廚房的設計和設備已不再像過去那麼中西分明，除了中餐使用圓形炒鍋而需要圓弧形的爐台外，實際上未來的廚房設計和設備都將越趨向智慧科技並講求清潔能源的運用。

一、廚房設備

(一)爐台

　　爐台（range）是在廚房中最常被使用之設備，傳統中西餐的爐台設計是有所區別的，中式爐台因應圓形的炒鍋設計，所以需設計圓弧形的爐台加以對應，可以保留住較多的火源快速達到烹調所需的火力，以這樣的鍋爐設計去烹調，就是中餐菜餚中強調的「鑊氣」來源，造就中式菜餚中特殊的香氣。

　　爐台由兩大部分組合而成：爐灶（burner）及烤箱（oven），而市面上不同類型之爐台皆以爐灶種類進行區分。常見之爐灶有兩種，開放式爐灶（open-burner）及平台爐灶（flat-top burner）。開放式爐灶可經由可辨識之瓦斯火力進行烹飪程度之調整，相較之下，平台爐灶僅能透過數片

鐵板提供一致性之火力。隨著廚房設計之演進，漸層熱源爐灶（graduated heat top）進而取代傳統之平台爐灶，已可提供廚房人員透過漸層鐵環進行火力控制。另一種煎爐台（griddle）狀似平台爐灶，但其平滑無縫之一體成型設計讓廚房人員較易操作，早餐店或大型廚房皆常見此一設備。

▲開放式爐灶

▲煎爐台

　　電磁爐灶（induction cook top）亦是一種不錯的選擇。電磁爐灶改善傳統爐灶之慢熱慢冷之特性，而提供迅速加熱及冷卻之功能。以兩杯水為例，若置放於電磁爐灶並加以高熱烹調，約莫30秒至1分鐘即可滾沸。另有磁感應電磁爐灶（magnetic induction cook tops）更能提供加熱時爐灶仍然保持常溫之功能，大大降低廚房因熱燙傷之發生。

▲電磁爐灶

(二)烤爐

烤爐依火力來源方向不同，而有下火式和上火式爐台之別。炭烤爐台（grill）是最常見的下火式加熱設備，透過數根鐵條將食物架起，火源直接從下方加熱，食物之汁液或油脂會滴落於下方火源，其所造成之燻煙，可提供食物另一特殊風味。不過，由於大多數之傳統炭烤爐台會產生不少灰燼，鑑於健康考量，許多現代化之炭烤爐台已將產生火源之木炭改由瓦斯加熱之石頭或合成鐵塊。

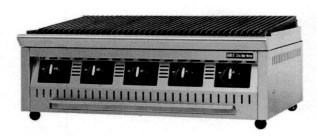

▲炭烤爐台

若火源直接從食物上方進行加熱，稱之為上火式烹調（broiling），其衍生之爐台稱之為上火式爐台（broiler）。大型餐飲機構大都偏好使用上火式爐

▲明火烤箱

台進行肉類火烤，原因在於汁液低落於下方，並不會造成像炭烤爐台所產生之困擾。另外，小型之上火式爐台被賦予明火烤箱（salamander）之名，常被置放西式爐台上方，讓廚房人員能迅速焦化食物表面，如焗烤。

(三)油炸爐

油炸爐（deep-fat fryer或deep fryer）為廚房不可或缺之設備，更常見於速食餐飲進行油炸之用，能源來自於下方之電力或瓦斯加熱設備。由於溫度控制，油炸爐可讓廚房人員輕易地控制火力。另有一種導熱型油炸爐

（induction deep fryer），其為數根加熱導管置於油品中間，直接加熱油炸油，此一設備能讓位於底部之油品仍處於低溫狀態時，中上方之油品已達可操作之溫度，此一功能能讓食物長時間置於油炸而不至於過度焦化。

▲油炸爐

(四)蒸氣台

蒸氣台（steam table）主要是用於保溫食物以待出餐。透過至少華氏140度之熱源，食物被隔水加熱進行保溫，而水槽中之深度需可容納2、4及6吋之可導熱之容器。

(五)烤箱

烤箱可被區分為傳統烤箱、旋風式烤箱、紅外線烤箱、層板

▲蒸氣台

烤箱等。傳統式烤箱通常被置放於西式爐台下方，常見加熱能源為瓦斯及電力兩種。其可供廚房人員進行爐烤烹飪法（roasting）及煎爐烤烹飪法（braising）之應用。拜科技所賜，旋風烤箱（convection oven）問世雖然不久，但卻因其配置防熱風扇使得加熱迅速及均勻所造成之縮短時間及節省能源性能，廣為廚房人員所喜愛。以一片美式披薩為例，傳統烤箱需加熱至少15分鐘，旋風烤箱僅需花不超過10分鐘即可完成。若配方未描述使用傳統烤箱或是旋風烤箱，使用旋風烤箱之不二法則為降低華氏50度之溫度及減少30%之烹飪時間即可做出相同產出。

▲旋風烤箱

　　紅外線烤箱（flashbake oven）為一使用紅外線進行烹調之烤箱。不同於傳統烤箱及旋風烤箱，紅外線烤箱僅需要4平方呎之空間，當然其烹飪空間亦呈現相對的嬌小。不過，其烹飪效能表現卻格外的好，以9吋披薩為例，生麵皮僅需3分鐘，而熟麵皮僅需一分鐘半即可完成烹調。另外的實例為紐約客牛排於3分鐘即可食用，天使蛋糕則僅需5分鐘。如此快之加熱方式乃因其結構設計為上下各五石英管，而且不需要預熱及通風設備，並可以頻繁使用。

▲紅外線烤箱

層板烤箱（deck oven或stack oven）類似傳統烤箱，因形狀扁長，因此可以層疊一起使用。使用層板烤箱的好處在於，廚房人員可以同時操作兩個以上之傳統烤箱，甚至可以一個層板烤箱設定低溫進行烘烤，另一層板烤箱則進行高溫處理。層板烤箱亦提供瓦斯及電力兩種能源之選擇。

▲層板烤箱

(六)傾斜鍋爐

傾斜鍋爐（tilting skillet）為一種多功能用途之設備，可進行快炒烹調（sauteing）、燉煮烹調（stewing）及油炸烹調（frying）等。常見於商業用廚房或中央廚房。由於附帶一槓桿設備，傾斜鍋爐可輕易地將大量食物倒出。

▲傾斜鍋爐

(七)蒸氣鍋

蒸氣鍋（steam kettle或steam-jacketed kettle）為一雙層不鏽鋼壁，透過蒸氣游走其中，加熱內層鋼壁以進行快速加熱或慢燉。不像一般蒸氣烤箱直接接觸食物，蒸氣鍋非常適合醬汁、高湯或燉肉類等需要長時間燜煮汁烹飪方法。以製作高湯為例，廚房人員習慣在下班前利用蒸氣鍋將高湯煮滾，停止蒸氣輸送後將鍋蓋蓋上，隔日上班時高湯即可製作完成。其原理在於：(1)可將蒸氣留滯於雙層鋼壁內進行保溫，以類似慢火加熱烹飪（simmering）之原理小火燜煮；(2)其蒸氣鍋蓋設計可緊密蓋上，以類似壓力烹飪方式進行烹煮。另外值得一提的是，因其大容量設計，可供大量膳食機構如中央廚房或商業用廚房使用。

▲蒸氣鍋

(八)攪拌器

攪拌器（mixer）可用來從事多樣化工作，例如快速攪打蛋糕或慢速混合餅乾麵糊。甚至在多樣配件協助下，可進行絞肉、切絲、切片或是切丁等。攪拌器以大小樣式不同，可分為桌上型攪拌器（tabletop mixer）及落地式攪拌器（floor mixer）。其配件標準模式為球型攪打器（wire whip）、平面攪打器（flat beater）及麵糰鉤攪打器（dough arm）等三種主要配件。

▲攪拌器

(九)垂直切片機

垂直切片機（vertical cutter machine, VCM）能在短時間內切碎大量食材。市面上之大型VCM可於5秒內切碎12粒美生菜，或是於2分鐘內能快速混合30公斤之麵糰。在使用上亦是方便，掀蓋後即可放入食材，亦可利用附帶之槓桿設備，可輕易地將大量食材倒出，甚至協助清洗工作。

(十)食物調理機

食物調理機（food processor）類似小型之垂直切片機（VCM），不同的是，食物調理機僅可處理少量食材，不過，食物調理機卻可透過多樣刀片之配件將食材切碎、磨泥、切片或削絲。

▲食物調理機

(十一)切碎器

切碎器（food chopper或是buffalo chopper）乃是利用S型雙刃刀片將食材進行切碎。食材經過刀片次數越多，食材被切碎得越是精細。切碎器主要由三部位組成：馬達、S型雙刃刀片及保護蓋，廚房人員組裝或拆洗非常容易，因此深獲大量膳食餐飲機構喜愛，不過近幾年來已漸漸被垂直切片機（VCM）及食物調理機取代。

(十二)切片機

切片機（food slicer）主要是用來進行一致性的切片。此一機器操作危險性較高，由於組成要件中之刀片易與廚 房人員之手部接觸，因此，操作需要經驗或是安全防護。尤其許多廚房人員為了方便，常捨去防護措施，直接按住食材進行切片，因此切片機被列為廚房最為危險之設備。

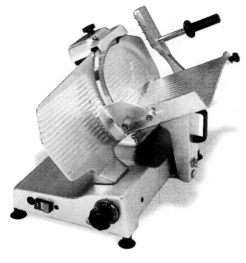

▲切片機

二、廚房器具

(一)雙耳鍋

雙耳鍋（pot）為不鏽鋼圓筒湯鍋附帶雙耳手把，主要用途為製作高湯、醬汁，或是需要慢燉之食材，因空氣接觸面積與容量之比例較低，水分蒸發亦較不易，所以為一慢燉之良好鍋具。常見種類有高湯鍋（stockpot）、附嘴高湯鍋（stockpot with spigot）、雙耳醬汁鍋（sauce pot）及煎煮燉鍋（braizer或rondeau）等。

▲高湯鍋

(二)單把鍋

單把鍋（pan）為一不鏽鋼圓型鍋具附帶單一把手。一般分為直立側邊（straight sides）及斜邊（sloped sides）兩種，直立側邊單把鍋較高，常用於帶有醬汁食材之烹調，而斜邊單把鍋則常利用斜邊設計進行食材之翻炒。常見種類有直立側邊單把炒鍋（sautoir或straight-side saute pan）、斜邊單把炒鍋（sauteuse或sloped-side saute pan）及單把醬汁鍋（saucepan）等。

▲斜邊單把炒鍋

▲單把醬汁鍋

(三)模具

模具（molds）有不同形狀及大小，大都以鍍錫鋼鐵製作而成。若是模邊具有鉸鏈（hinged side），則稱為肉派模（pate en croute molds）。凍模（terrine molds）較常見之材質為搪瓷鑄鐵（enameled cast iron），常用於烘烤肉派或做成凍派。另一常見之鼓型烤模則為金屬材質或瓷器材質之原型模，可用來製作慕斯或卡士達等相關產品，通常為斜邊，以助於食材脫模之用。

▲凍模

(四)過濾器及濾網

　　過濾器（strainers）及濾網（sieves）主要是用於過濾汁液、過濾雜質或是磨泥。常見有半圓形過濾器（colander）、小型半圓濾網（round mesh strainer）、麵粉篩（drum sieve）、圓錐粗孔濾網（china cap）、圓錐細孔濾網（chinois）。半圓形過濾器常用於洗滌蔬菜或是過濾汁液，其半圓形設計搭配整齊之細孔，有助於食材快速與汁液分離，或是冷卻等效用；小型半圓濾網常用於少量之食材過濾，或是可藉由細緻之網孔將食材灑上細粉；麵粉篩則顧名思義是以過篩粉狀食材為主要功能；圓錐粗孔濾網則常用來過濾高湯，而圓錐細孔濾網則建議用來過濾醬汁，其圓錐型設計乃有助於醬汁或高湯過濾時能集中濾出。

▲半圓形過濾器

▲麵粉篩

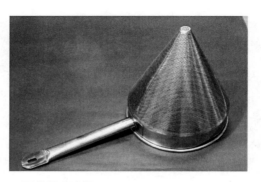

▲圓錐粗孔濾網

(五)斜板手動食物處理器

斜板手動食物處理器（mandoline）中可調整之刀片可手動切出片狀（slice）、絲狀（julienne）、甚至網狀（gaufrette）之食材。其主要缺點為僅能處理少量食材，且容易因無防護或手滑而受傷。

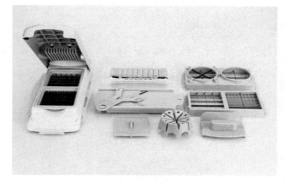
▲斜板手動食物處理器

三、各式刀具

(一)主廚刀

主廚刀（French knife或chef knife）乃是西式廚房主要且常用之刀具，可用來進行切碎、切片及剁末等用途。常見有8吋、10吋及12吋之尺寸可供選擇。主廚刀

▲主廚刀

之設計與亞洲地區之刀具有部分差異，如厚度及重量，主廚刀較為厚重；如刀刃，主廚刀在靠近手把之刀刃並無直角可供雕刻。

(二)去骨刀

去骨刀（boning knife）常見為5～7吋刀，刀刃細長尖銳，質地堅硬，常用於肉品之去骨。市面上亦有質地較軟之去骨刀以供選擇。

▲去骨刀

(三)小型功能刀

小型功能刀（paring knife）為一2～4吋長之小刀，常用於蔬果簡易雕刻或切割。

▲小型功能刀

(四)橄欖刀

橄欖刀（turning knife或tourne knife）為一2～4吋長之小刀，常用於將蔬果切割成橄欖狀。

▲橄欖刀

(五)鋸齒刀

鋸齒刀（serrated slicer）常用於切割硬殼之麵包，相較於一般刀具，鋸齒刀之鋸齒設計能讓硬殼食物不至於碎裂。唯獨在使用上須特別小心，若遭鋸齒刀切割受傷，其傷口復原為一般刀傷之兩倍時間。

▲鋸齒刀

(六)屠刀

屠刀（butcher或scimitar）設計特殊，在接近刀尖部位之刀刃與刀尖呈25度圓弧設計，其功用為較易切割肉品，大小從6～14吋皆可供購買。

▲屠刀

(七)生蠔刀及蛤蜊刀

生蠔刀（oyster knife）及蛤蜊刀（clam knife）皆為小型且短之刀具，兩者皆無鋒利之刀刃，其差異性在於生蠔刀為雙刃，蛤蜊刀則為單刃。

▲生蠔刀　　　　　　　　　　　　　　▲蛤蜊刀

(八)磨刀棒

磨刀棒（steel）常用於短暫磨利用途，值得注意的是，若刀具在多次使用磨刀棒後，仍無法達到所期望之鋒利程度，建議採用磨刀石進行磨利。另外值得一提的是，若雙手騰空以磨刀棒磨利刀具，建議需將大拇指及食指置於護柄範圍內進行安全防護，否則建議磨刀棒尖端頂住潮濕布巾再行磨刀，較為安全。

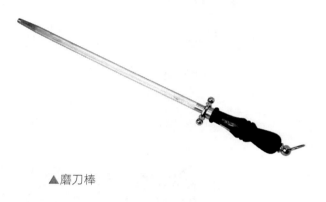

▲磨刀棒

第二節　烘焙設備

廣義的烘焙設備應包含具備動線規劃完善的工作環境與產銷適配的烘焙設備，如此，才能以最大效能製作出美味與符合安全衛生的烘焙產品。首先，良好的工作環境設計應包含：天花板（高度與照明）、地板（防滑材質為佳）、牆面、管線設計、冷氣、排水系統與清洗槽等。其次，則是生產製程必備之烘焙設備，包含：工作檯面、攪拌機組、發酵箱、分割滾圓機和整型機、丹麥（壓麵）機、烤箱、烤盤架台車、器具架、吐司切割機、製冰機與冰箱（冷藏與冷凍）。而有關設備配置與動線規劃，對於生產排程之影響很大，良好工作動線安排，不僅能讓空間有效利用，也會增加師傅工作效率與產品產量。以下針對一些主要的烘焙設備扼要說明功能與操作注意事項。

一、工作檯面

工作檯面（work table）應依照所生產的產品特性而有所不同，才會

確保生產效率、食品衛生與操作人員安全。依據人體工學，工作檯之高度正好是操作者的腰部高（約80～85公分），長時間工作比較不會疲累。一般常見的工作檯面有大理石與不鏽鋼兩種。

(一)不鏽鋼檯面

不鏽鋼檯面易清潔整理，耐熱而堅固，一般中央工廠最常見的工作檯，其不鏽鋼材質有厚、薄之分，常見厚度介於0.5～2.0mm。較厚的不鏽鋼檯面價格較貴，但是較不易變形。

▲不鏽鋼檯面

(二)大理石檯面

一般材質有花崗石或人造石，大理石的檯面外型非常優美且耐用，特別是在製作巧克力過程中需要調節溫度時較能迅速降溫度，以利產品操作。

▲大理石檯面

二、攪拌機

攪拌機（mixers）在烘焙產品製作時有混合材料、形成麵筋、拌入空氣、膨脹麵糊等功能，對於產品品質的影響很大。攪拌機藉由快速的轉動將所用之各種材料快速、有效並均勻地混合，或使麵筋形成和擴展，或拌入空氣，都可以快速有效地取代手工，不僅節省生產時間，提升產能，也讓產品品質一致穩定。而依據所生產的麵包或西點蛋糕等產品的產品特性、產量多寡與攪拌之原料種類不同，一般常見的是直立式攪拌機，容量由桌上型（5公升）、中型（20公升）到大型（60公升到數包麵粉）都有，速度也有快、慢數段變速，所使用的攪拌器依攪拌物與攪拌量的不同來搭配使用。

▲立地型攪拌機

▲桌上型攪拌機

(一) 槳狀攪拌器

製作西點蛋糕時常藉由攪拌器將空氣快速打入油脂中，麵糊包含的空氣會讓產品產生膨大作用，槳狀攪拌器（beater; paddle mixer attachment），常用於攪拌麵糊類蛋糕、小西餅以及塔皮、派皮等西點產品，以及中式點心類等產品。

▲槳狀攪拌器

(二)鋼絲狀攪拌器

鋼絲狀攪拌器（whipper; whip mixer attachment）又稱球狀攪拌器，能使蛋白與蛋拌合空氣形成氣泡，使麵糊產品膨脹，通常用於製作如海綿蛋糕全蛋攪拌、乳沫類蛋糕與戚風蛋糕之蛋白打發，以及蛋糕裝飾之鮮奶油打發。

(三)勾狀攪拌器

另一種勾狀攪拌器（hook blender）或螺旋狀攪拌器，則是適用於麵包類產品所使用的攪拌器，將乾濕性材料藉由拌合、揉捻的操作，形成具有筋性、延展性的麵糰。

▲鋼絲狀攪拌器　　　　　　　▲勾狀攪拌器

三、發酵箱

攪拌完成之麵糰須在一定條件控制下穩定發酵，會影響後續分割整型操作性或產品的烤焙品質，因此，製作麵包產品須有良好的溫濕度控制設備，使酵母產生大量的氣體，讓麵糰體積膨脹，一般麵包製作流程會包含基本發酵與最後發酵兩個階段，在不同的發酵階段有其對應之最佳發酵條件，以控制發酵速率與品質，例如：基本發酵階段28℃，75%RH；最後發酵38℃，85%RH等。

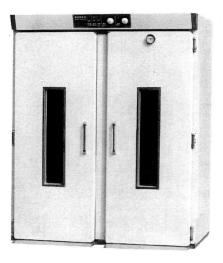

▲發酵箱

四、分割滾圓機與整型機

　　常運用於麵包類產品製程，分割滾圓機主要功用是將麵糰在完成基本發酵後，快速而穩定地將麵糰做適量切割，而後經滾圓成表面光滑的麵糰，以利後續的中間發酵階段能有效地保存氣體。一般而言，小型西點麵

▲分割滾圓機

▲整型機

包店為節省空間會使用兼具分割與滾圓功能的設備。整型機則是將麵糰壓整成扁平狀，並經自動整形摺捲成外觀大小一致的麵糰。由於控制滾筒間距與施力大小，會讓麵糰內部組織與外觀樣式較手工製作更均勻一致（例如土司製作）。

五、丹麥（壓麵）機

常運用於裹油類產品之整形操作，如起酥皮、可頌麵包、大理石麵包與鬆餅等，麵糰包覆固態油脂後，透過丹麥機滾輪間距調整，快速地來回反覆壓延至平坦、厚度一致的狀態再加以摺疊，如此重複的操作步驟即形成較手工操作更為省時、均勻一致的裹油類麵糰。

▲丹麥（壓麵）機

六、烤箱

烤箱藉由穩定的熱源提供將麵糊和發酵後的麵糰經過加熱作用變成美味可口的烘焙成品。依據加熱原理可分為傳導、對流與輻射三種型態。而隨著生產需求的提升與多元，以及機器生產技術的改良，烤箱加熱方式也由早期的石磚窯逐漸改良發展到電或瓦斯加熱的烤箱，到特殊需求的蒸氣與紅外線烤箱。而依其產品、產能需求與功能設計考量，市售烤

箱可分為箱式烤箱（deck oven）、旋轉式烤箱（reel oven）、隧道型烤箱（tunnel ovens）、（熱風）對流式烤箱（convection oven）與台車式烤箱（rack oven）等。

(一)箱型烤箱

箱型烤箱是最常使用的烤爐之一，業者視其產能需求、工廠規模與空間大小來選擇所需層數與盤數的烤箱，熱源供應通常有電爐絲、電熱管、瓦斯與紅外線等，每層烤箱會有上、下爐火的溫度調節、定時開關、視窗、照明設備和選配歐式麵包（如法國麵包）專用的蒸氣裝置。箱型烤箱也是一般西點麵包店與小型工廠最常使用的烤箱之一，麵包、蛋糕、西點、餅乾，甚至鳳梨酥、月餅等中式糕點產品均適用。最主要的優點為設備所需空間小且產品彈性大，可同一時間烤焙不同的產品。

▲箱型烤箱

(二)旋轉式烤箱

旋轉式烤箱熱源主要以電力或瓦斯供應，經由箱內散熱器將熱傳至烤箱內部的間接加熱方式，旋轉式烤箱其內部有一旋轉軸，烤盤架即被對稱的懸掛在軸上後再放入烤箱中，藉由旋轉軸的帶動在烤箱內運轉。此類烤箱高度較高，且因烤箱內部較寬大，所以火力之消耗量也相對較高，內部的溫度也較不易穩定控制。

▲旋轉式烤箱

(三)隧道型烤箱

隧道型烤箱是利用輸送帶將發酵好的麵糰與麵糊依烤焙溫度與時間需求，利用烤箱輸送速度的自動控制，將烤焙完成後的產品從烤爐的另一端由輸送帶送出冷卻，是一般中央工廠自動化大量生產常用的烤箱。其主要優點包含：烤焙的容量大、產品規格尺寸彈性大（各種尺寸的烤盤均適應）、保溫效果好、溫度控制精確、可連續烤焙。缺點是所占場地空間較大。

▲隧道型烤箱

(四)（熱風）對流式烤箱與台車式烤箱

對流式烤箱是經由風扇可以讓烤箱內以熱風對流循環，讓產品快速均勻受熱，由於溫度穩定，產品著色均勻、品質穩定。台車式烤箱產品通常以滿置烤盤（15～20盤）的台車，直接推入烤箱中烤焙，產品在烤箱中旋轉受熱，適合於單一產品大量生產之大型或中央工廠使用。

▲對流式烤箱

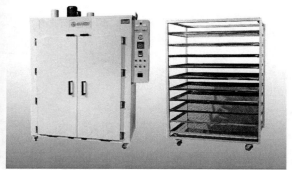
▲台車式烤箱

七、冷藏（凍）設備

冷凍與冷藏設備貯存原料、半成品與成品於適當溫度，以確保食品安全衛生與產品品質。依冷卻溫度範圍與功用可區分為冷藏（0～7℃）、冷凍（-18℃以下）與急速冷凍櫃（-30℃以下）。

▲冷藏設備

▲冷凍設備

第三節　度量衡工具

　　烘焙產品製作既是一門藝術，更是一種科學，首先要讓產品能推陳出新，既美觀又美味的是一種結合創意與美學的藝術發想，然而，要維持產品持續穩定一致，就需要利用科學的方法來控制，包含稱量、溫度、尺寸大小都必須經嚴格、系統的程序來控制，因此，度量衡工具是烘焙製作基本工具。身為烘焙從業人員，必須對烘焙產品中所使用的稱量工具與原則有所瞭解。相關資料已於第三章敘述，在此不再贅述。包含了量測重量、體積、長度及溫度等工具。

▲溫度計

第四節　操作工具

選擇適當的操作工具不僅能讓製作程序更順暢有效率，長期而言也可以減少對使用人員的職業傷害。以下介紹一些經常使用之工具，包含：打蛋器、鋼盆、篩網、刮板、齒狀刮板、橡皮刮刀、巧克力刮刀、抹刀、擀麵棍等，分別介紹如下：

一、打蛋器

不鏽鋼材質的打蛋器（whips），主要用來攪拌混合材料，例如蛋糕麵糊，亦可用於少量的蛋液與鮮奶油的打發。不鏽鋼的大小與鋼圈的圈數會影響打發效果。

▲打蛋器

二、鋼盆

鋼盆（mixing bowl）是製作烘焙產品最常使用的器具之一，同時兼具攪拌與稱量容器之用途，尺寸大小由直徑22～38公分。具有圓弧形底部的器具，常用於打發或攪拌蛋液、奶油、麵糊時的盛裝容器。其材質以不鏽鋼居多。

▲鋼盆

三、篩網

篩網（sieve）一般為金屬製圓型，通常
為不鏽鋼材質。主要用於粉料（如麵粉、奶
粉等）過篩使之均勻並濾除雜質，也常用於
過濾蛋液以去除氣泡，使其質地細緻均勻，
此外，也有業者用以製作顆粒大小一致的酥
麵的工具。由每單位所含孔目數目而定，一
般常用之孔目為每平方吋30目。

▲篩網

四、刮板

刮板（scraper）具有彈性及曲折的特性，刮板有軟、硬之分，軟刮板
主要是用來使材料聚集或刮取材料時使用，亦可用來抹平麵糊之用，外觀
通常為彎形或半圓型為主，另外，硬刮板則是用來切割、刮取麵包麵糰用
的刮板，形狀是梯形或方型，若材質為不鏽鋼者通常一端會附有握把。

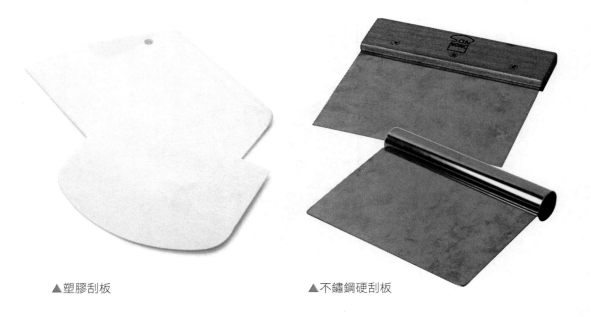

▲塑膠刮板　　　　　　　　　　　▲不鏽鋼硬刮板

五、齒狀刮板

　　還有一種被用來做蛋糕裝飾或製作麵糊波紋效果的刮板，在麵糊表面或蛋糕外層塗抹的鮮奶油後以齒狀刮板（decorating comb）抹出整齊的波紋之用。形狀有半圓形、三角形等。

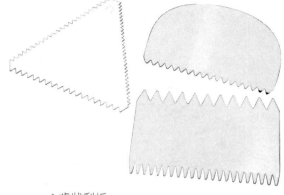
▲齒狀刮板

六、橡皮刮刀

　　橡皮刮刀（rubber spatula）為蛋糕與西點製作所必備的工具，可以用以攪拌拌合材料，或刮取器具（攪拌缸、鋼盆）內之麵糊或材料以減少操作損耗，選用時宜以耐熱材質為佳，避免因受熱變形產生有害物質。

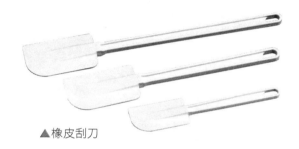
▲橡皮刮刀

七、擀麵棍

　　擀麵棍（rolling pin）主要用於擀捲麵糰、麵皮、派皮、塔皮等產品，最常見為短圓形木製擀麵棍，長約30公分，亦有金屬與塑膠製的材質。此外，也有滾筒狀的擀麵棍。

▲擀麵棍

八、擠花袋

布質製或塑膠製的擠花袋（pastry bag），搭配擠花嘴使用可以擠出餡料，或各式各樣的裝飾花樣與造型麵糊，基於衛生要求，一般在清洗乾淨後之擠花袋，須充分晾乾，以避免長霉與產生異味。

▲擠花袋

九、擠花嘴

擠花嘴（cake decorating tips）主要裝置於擠花袋口，不同形狀的花嘴可擠出各種造型的麵糊或霜飾奶油。

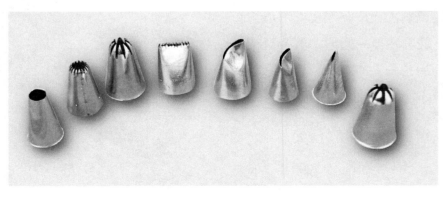

▲擠花嘴

十、鋸刀

　　鋸刀（knife）主要供切割麵包、西點與蛋糕產品用之刀具，一端附有握把，使用時以前後拉動鋸切方式將產品蛋糕切開，可讓產品橫切面更平整。

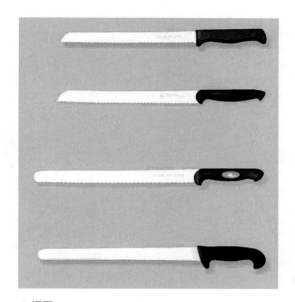

▲鋸刀

十一、抹刀

　　抹刀（straight spatula）應用於蛋糕裝飾，塗抹奶油於蛋糕表面或夾餡時塗抹餡料。至於L型抹刀，是巧克力在大理石桌面調溫時使用。

▲抹刀

十二、滾輪刀

滾輪刀（wheal scrape）一般使用於西點製作切割用途，尤其是切割如派皮、可頌、鬆餅類產品之麵皮常使用之工具，峰利的刀面可輕易切出直線形和波浪形等形狀，切刀分滾動式和固定式，輪刀的刀面很薄，切割下來的麵皮層次較好，用來劃切麵片或一定大小的方形或長方形器具，由所切成之形狀再進一步整形為各種形狀。

▲滾輪刀

十三、毛刷

毛刷（pastry brush）主要用於刷液態食材（蛋液）或油脂於產品表面，其次，也常用來刷除麵糰表面、操作台上或烤箱內麵粉，毛刷清洗後特別注意晾乾，使用時也應避免掉毛在產品表面上。

▲毛刷

十四、蛋糕轉台

蛋糕轉台（turntable）使用於蛋糕裝飾時，便於抹圓型蛋糕之表面。

▲蛋糕轉台

十五、攪拌杓

攪拌杓（spatula）一般常見材質為木製（木匙）或耐熱塑膠材質，通常用在加熱過程中攪拌液態或軟質材料，製作泡芙麵糊、餡料（蜂蜜和核桃餡）、布丁內餡等。

▲攪拌杓

十六、巧克力刮刀

巧克力刮刀（chocolate spatula）主要用於製作巧克力飾片常用之工具，如菸捲、秋葉等，金屬刀面成梯形狀，刮刀另一端附有握柄。

▲巧克力刮刀

十七、巧克力叉具

巧克力叉具（chocolate coating fork）主要用於輔助巧克力披覆，其器具頭形狀有圓線型與叉型等。

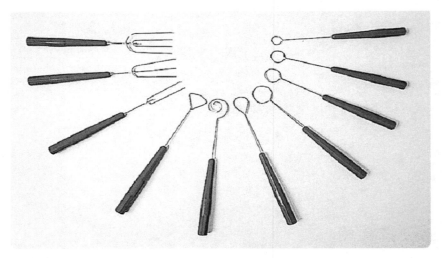

▲巧克力叉具

十八、杏仁膏塑型工具

杏仁膏塑型工具（marzipan tools）主要使用於杏仁膏造型用，可以塑造出各種動物或花朵，讓蛋糕裝飾多采多姿。

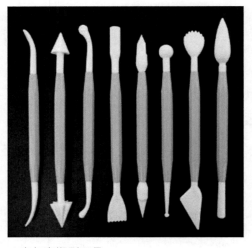

▲杏仁膏塑型工具

十九、烤盤

烤盤（baking tray）一般用來烤焙沒有模型盛裝的產品，如甜麵包、小西餅、鬆餅或奶油空心餅等產品之用。大致可分為不沾烤盤（鋁合金表面再經矽或鐵氟龍處理，質輕耐用、防鏽且不沾黏）、鍍鋁烤盤（須塗抹烤盤油或鋪設烤盤紙）及網狀烤盤（多用於製作餅乾）。

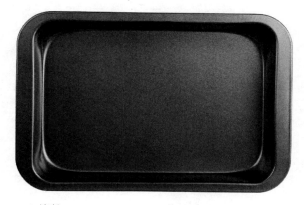

▲烤盤

二十、烤盤架

烤盤架（tray framework）又稱台車，供整盤麵包出爐放置冷卻，以及平時烤盤之存放。

二十一、網架／冷卻架

網架（net support）又稱為冷卻網，可盛放剛出爐之成品，如麵包、剛出爐的蛋糕體，必須墊高以使產品冷卻、散熱以防止收縮或是表面潮濕現象發生，以利後續之販售、保存與包裝作業。

▲烤盤架

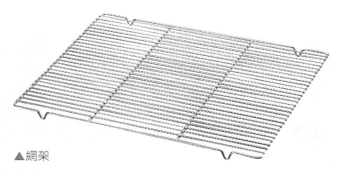

▲網架

二十二、蛋糕與西點類模具

　　蛋糕與西點模具多樣，依形狀結構可分為圓形平底、長方形、活動與不活動、空心烤模、花型、心型等，有大、中、小等各式不同之規格供選用。材質方面以不鏽鋼、鋁製、銅製、陶瓷、紙製、矽膠均有。此外，還有製作布丁、慕斯餅乾、蛋塔、派、塔與巧克力等都需要壓印或裝填的模具。

▲圓形固定烤模

▲天使蛋糕烤模

▲長方形烤模

▲蛋塔模

▲布丁烤模

▲各種派盤

▲慕斯框

▲各種不同模具

▲矽膠蛋糕模

▲甜甜圈壓模

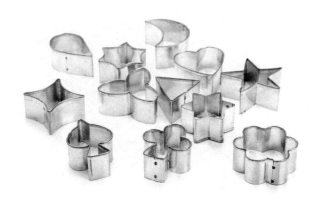

▲餅乾壓模

▲巧克力模

二十三、土司模

土司模通常用於盛裝麵糰並提供最後發酵與塑型功用。

▲土司模

結　論

　　採購設備與工具應先評估產品種類與產能，並依照廠房大小、動線設計與擺放位置來決定適當的機具類型和大小，務必以勞力最低耗能與製程合理化的原則，做最適切的選購與機器配置，避免不必要的投資浪費，另一方面也要教育員工，培養正確使用方式並妥善維護保養，讓機器發揮最大生產效能與最長的使用年限。

參考資料

周敦懿、張德等譯（1998）。Wayne Gisslen著。《專業西點烘焙入門》。台北市：
　　品度公司出版。

徐華強、黃登訓、顧德材（1998）。《蛋糕與西點》。台北市：中華穀類食品工業
　　研究所。

張惠琴、徐永鑫、曾素芬、蘇翠娟、葉連德、周小玲等（2008）。《烘焙學》。台
　　中市：華格那出版社。

Bo Friberg (1996). *The Professional Pastry Chef*. USA: International Thomson Publishing
　　Inc.

Michel Suas (2009). *Advanced Bread and Pastry: A Professional Approach*. USA: Delmar
　　Cengage Learning.

餐飲旅館系列

廚藝概論

主　　編／楊昭景
作　　者／施坤河、黃靜純、石名貴、楊昭景、謝旭初、
　　　　　王寶惜、陳建龍、徐永鑫、陳嘉謨、陳正忠、
　　　　　屠國城、林建安、葉連德
出 版 者／揚智文化事業股份有限公司
發 行 人／葉忠賢
總 編 輯／閻富萍
特約執編／鄭美珠
地　　址／22204 新北市深坑區北深路三段 260 號 8 樓
電　　話／(02)8662-6826
傳　　真／(02)2664-7633
網　　址／http://www.ycrc.com.tw
 E-mail ／ service@ycrc.com.tw
 I S B N ／ 978-986-298-243-3
初版一刷／2016 年 10 月
定　　價／新台幣 480 元

國家圖書館出版品預行編目資料

廚藝概論 / 施坤河等作；楊昭景主編. -- 初
版. -- 新北市 : 揚智文化, 2016.10
面； 公分. -- (餐飲旅館系列)

ISBN　978-986-298-243-3（平裝）

1.烹飪

427　　　　　　　　　　　　　　105018064